U0338093

基于光诱导数字掩模的细胞操作与多维组装方法的研究

杨文广　著

中国矿业大学出版社
·徐州·

图书在版编目(CIP)数据

基于光诱导数字掩模的细胞操作与多维组装方法的研究/杨文广著. —徐州:中国矿业大学出版社,2021.12
ISBN 978 - 7 - 5646 - 5207 - 4

Ⅰ. ①基… Ⅱ. ①杨… Ⅲ. ①细胞工程 Ⅳ.
①Q813

中国版本图书馆 CIP 数据核字(2021)第 262344 号

书　　名	基于光诱导数字掩模的细胞操作与多维组装方法的研究	
著　　者	杨文广	
责任编辑	仓小金	
出版发行	中国矿业大学出版社有限责任公司	
	(江苏省徐州市解放南路　邮编 221008)	
营销热线	(0516)83884103　83885105	
出版服务	(0516)83995789　83884920	
网　　址	http://www.cumt.com　**E-mail**:cumtpvip@cumtp.com	
印　　刷	苏州市古得堡数码印刷有限公司	
开　　本	787 mm×960 mm　1/16　**印张** 7　**字数** 133 千字	
版次印次	2021 年 12 月第 1 版　2021 年 12 月第 1 次印刷	
定　　价	42.00 元	

(图书出现印装质量问题,本社负责调换)

前　言

在生命科学和生物医学领域,开展细胞多尺度水平上的研究已经成为前沿热点方向。研究细胞与环境以及细胞与细胞之间的相互作用,形成类人体生理环境的多细胞复杂组织连接体,阐明细胞受到外界环境的调控机制,有助于认识细胞的生命机理;同时也有助于人们探究疾病的成因和理解疫病的本质,找到有效的预防和治疗手段。微纳操控与组装技术能够在微/纳米尺度上对细胞进行操作,将细胞排列、组装成特定的构型,该技术获得广泛的关注和研究。将微纳操控与组装技术与生物医学相结合,开展细胞水平的捕获、分离等精确操作,实现细胞多维组装并构建调节细胞生长的胞外环境。这对新药研发、生物传感器及离体神经网络接口等方面的研究具有重要意义,在生物医学和临床医学等方面有着极为广泛的应用潜力。因此,在本书作者提出了一种基于光诱导数字掩模的细胞操作与多维组装方法,在体外构建可控的细胞的胞外环境,按照人的意愿实现细胞的精确操控和多维组装,通过调节胞外环境来研究细胞的行为学和获取细胞的多维信息,从而建立多维细胞分析体系,实现多维细胞信息获取,为研究特定组织内细胞生理学和病理生理学行为提供全新的技术手段,为揭示相关疾病的发病机制提供新的视角,并为个性化药物筛选和生物传感研究提供新的途径。

本书开展基于光诱导数字掩模的细胞操作与多维组装方法的研究,旨在构建基于细胞多维信息的分析和研究体系,为多维细胞操作与组装的体外实现提供一种新的方法和解决思路。为了达到这个目标,本书开展了以下几个方面的研究工作:

(1)基于数字微镜阵列的紫外光诱导水凝胶制造方法。用于胞外环境构建的水凝胶制造系统是细胞多维信息获取与分析的关键,作者首先对紫外光引发自由基聚合反应进行相应的建模与仿真分析,从理论上分析了各种物质浓度及因素对于反应过程以及水凝胶制造结果的影响,阐明了光引发水凝胶微结构的制造机制。其次,构建了基于数字微镜阵列的紫外光诱导水凝胶加工系统,对搭建系统的光路进行了相应的仿真分析和优化处理,实现水凝胶个性化定制加工。使用本套系统加工水凝胶微结构可以在短短几秒钟内实现,展现出了效率高、灵活度高和重复性好的特点。最后,对水凝胶微结构的制造特性进行了研究,从实验上验证了各个参数对于所制造水凝胶结构机械特性的影响。

(2)细胞一维、二维图形化及细胞行为学的研究。在基于数字微镜阵列的紫外光诱导水凝胶制造系统的基础之上,作者通过制作水凝胶微结构来构建细胞的胞外环境,实现细胞的一维、二维图形化,并研究图形化对于细胞行为学的调控,其中包括以下几个方面:通过水凝胶微结构来调控细胞的形貌和机械特性,利用水凝胶微结构具有天然的生物情性将细胞限制在特定环境中,来研究不同细胞的增殖特性。为了模拟癌细胞在人体血管内的迁移情况,利用水凝胶制造蜂窝状的沟道结构来研究不同细胞的迁移特性。为了解决细胞在 PEGDA 水凝胶表面不黏附的特性,作者通过在水凝胶中添加聚苯乙烯小球来改变水凝胶薄膜的表面粗糙度和机械特性,从而调控细胞对水凝胶薄膜的黏附特性。

(3)基于微坑阵列的三维细胞球状体模型建立及药物筛选。细胞是人体的基本组成单元,也是药物作用的主要对象,对于细胞的研究能够给细胞行为学和药物筛选带来极大的帮助。作者通过构建不同尺度和形状的微坑阵列,来实现对于三维球状体模型的构建,并进行了三维细胞球状体的分析和信息获取。此外,细胞球状体作为一种体外三维模型展现出了良好的耐药性,为了更加真实地模拟人体的环境,作者通过将光诱导水凝胶技术与微流控技术相结合,制作复合异质型细胞球状体,并进行了组合药物筛选。

(4)微组织结构的高通量制造和三维模块化组装。面对药物筛选对人体微组织环境的需求,作者通过将微流控技术、光诱导水凝胶制造技术和光诱导介电泳技术进行有机的集成,提出了微小组织的在线制造和机器人同步装配策略(organ real-time assembly on chip),通过此方法能够根据需求在线制造不同种类的三维细胞微组织,并能同时采用微纳机器人技术进行在线组装,进而形成类人体生理环境的多细胞复杂组织连接体,为类人体生理环境的体外模拟提供了可行的解决方案。此外,整个过程采用机器人自动化方法实现,因而具备良好的可重复性和稳定性,从而保证了类人体生理构建的一致性,为未来组织再生和个性化药物筛选奠定了一定基础。

由于作者水平所限,书中难免有错误和不当之处,欢迎读者指正!

著　者

2021.5

目　　录

第1章 绪 论

1.1 研究背景

细胞是所有高等生物最基本的结构和功能单元,在生物学中扮演着至关重要的角色,作为个体,细胞是独立的,能够生长、分裂、增殖;作为整体,多种细胞之间相互协作,构成能够行使特定功能的器官进而构成整个生命的个体。在生命科学和生物医学领域,开展细胞多尺度水平上的研究已经成为相关领域的前沿热点方向。现代医学研究表明人类许多疾病与细胞状态的改变密切相关,例如癌症的发生和转移通常就是从极少数细胞的病理改变开始的[1-3]。细胞在体内的生长过程(分化、分裂、增殖和迁移)受到其生长环境的多种因素的影响,这些因素在时间和空间上不断地累积就会引起由量变到质变的改变,细胞在空间的分布以及胞外基质都会影对细胞的功能状态产生重要影响。研究细胞与环境以及细胞与细胞之间的相互作用,形成类人体生理环境的多细胞复杂组织连接体,阐明细胞受到外界环境的调控机制,有助于认识细胞的生命机理;有助于人们探究疾病的成因和理解疾病的本质,找到有效的预防和治疗手段。微纳操控技术能够在微/纳米尺度上对细胞进行操作,将细胞排列、组装成特定的构型,已获得广泛的关注和研究。将微纳操控技术与生物医学相结合,开展细胞水平的捕获、分离等精确操作,实现细胞多维组装并构建调节细胞生长的胞外环境。这对新药研发、生物传感器及离体神经网络接口等方面的具有重要意义,在生物医学和临床医学等方面有着极为广泛的应用潜力。

以药物研发为例,新药研发是人类最复杂的智力活动之一,也是衡量一个国家综合科技实力和大规模组织社会资源能力的一个重要标准。中国自古代就有神农尝百草之说,而随着社会不断发展人们也在不断地对新的药物进行探索和了解,使之更好地服务于人类。然而,随着世界人口老龄化越来越严重和人们对健康的重视程度和支付能力的不断提高,已有药物还远远不能满足社会的需求。

现如今新药研发面临着一个瓶颈问题,药物研发的投入保持着高速增长,但是产品化药物的产量却呈下降的趋势[4](见图1-1)。近年来监管环境也变得越来越严格,导致新药上市越来越严格,一种新药必须要经过层层审核才能进入市场。美国食品和药物管理局(FDA)及其他主要市场公布了药物的市场准入情况,更加注重预先批准的安全性评估和增加他们依赖于批准后机制来监控产品的安全和使用。

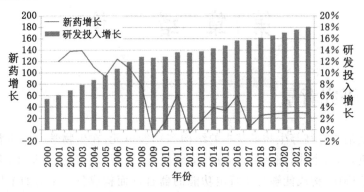

图 1-1 新药研发现状

除了市场的严格监管导致的产品化药物数量下降,还有一个因素是药物的漫长和严苛的研发过程。开发新药从寻找新的备选化合物,到层层试验审批,是一个漫长而复杂的过程,带来许多挫折和挑战[5-8]。现如今研发过程变得越来越困难,昂贵,耗时且风险高,平均耗资 25 亿美元[9-11]。根据对 50 家最大公司的研究,一项药物的合成至少要筛检 10 000 种化合物,只有进入临床试验的 1/6 的候选药物最终被提交给 FDA 批准,许多候选药物在第三阶段试验期间失败,塔夫茨Tufts CSDD表明,对于在 1999—2014 年期间进入临床测试阶段的候选药物,临床批准成功率即化合物进入临床测试并最终进入市场的可能性仅为 16%。对于候选药物的小部分,也就是最终成为批准的药物,从最初发现到最终使用并治疗患者的可用性大概需要 10 至 15 年[12-14](见图 1-2)。研究人员必须创造性地应对不可预见的挑战,并彻底收集有关药物安全性和有效性各方面的数据。

整个新药研发的过程可以说是十年磨一剑,换来的却是万分之一的成功率,那么到底是什么样的原因使得药物研发的成功率如此之低呢? 据统计,90%的药物在临床检测阶段就已经夭折了,一方面是因为一部分药物并未按照研究者的预期对疾病产生相应的效果,另一方面一些药物还会对其他的组织和器官产生相应的毒副作用[15-17](见图 1-3)。

对基于细胞的效应研究和毒性测试中,制药工业如今最常用的方法依旧是二维培养细胞[18-21](见图 1-4)。传统的细胞培养即细胞的平面培养,细胞在培

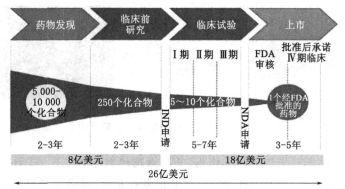

图 1-2 一种药物的研发过程

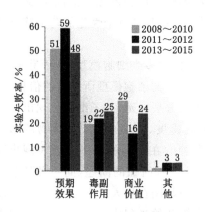

图 1-3 预期效果和毒副作用是阻碍药物研发的两大障碍

养过程中只能沿平面延伸,可适用于各种类型的细胞,适合于在人为控制的实验室条件生长和维护。这种培养方式经济、便利、易操作,有更加容易的环境控制、细胞观察、评定和最后的处理。然而,在含高水平血清的二维培养平皿中即便是原代细胞的培养,代表着一种过度简单化和脱离机体的生物学系统。这种平面培养、生长方式与机体内立体环境差别很大,导致细胞形态、分化、细胞与基质间的相互作用以及细胞与细胞间的相互作用与体内生理条件下细胞的行为存在明显差异。因此,这些细胞在保存其来源组织的基因型和表型等方面,具有其局限性。

虽然二维平面细胞在药物筛选过程中使用起来非常方便,但是其与人体的环境差别很大,使用二维平面细胞进行药物筛选会导致药物测试过程中信息的

图 1-4　二维平面细胞是药物筛选阶段最常用的模型

大量丢失,对筛选结果造成误导作用,并且筛选模型非常的单一,对疾病的治疗缺乏针对性。众所周知,人体是一个复杂的调控系统,其组成部分从最简单到最复杂就分为分子、细胞、组织、器官和系统,并且人与人之间的差异、同一人不同器官组织的差异、同一组织不同细胞之间的差异都会给药物筛选带了极大困难。因此,现有的二维平面细胞筛选模型已经不能满足现阶段药物筛选的需要。继续寻找合适的、有效的筛选模型,进行个性化的药物筛选能够给药物研发带来极大的帮助。

假设我们能够在体外构建多维细胞模型,从而获取多维细胞的信息并应用于新药的研发,肯定要比单一的细胞模型所提供的信息要全面。以肿瘤为例,肿瘤在生长过程中,经过多次分裂增殖,其子细胞呈现出分子生物学或基因方面的改变,从而使肿瘤的生长速度、侵袭能力、对药物的敏感性等各方面产生差异[23-25],这就导致同一种肿瘤在不同的个体身上表现出不一样的治疗效果(见图 1-5)。这也是现实中我们所面临的问题,同一种抗癌的药物,可能对于病人甲具有良好的治疗效果,但是用在病人乙上,则完全没有效果。这主要是因为肿瘤的异质型所导致的,在筛药的过程中,一般使用的筛选模型是单一的模型,将所有的肿瘤组织看成是相同的均一的。为了解决这样一个问题,我们可以提取病人的细胞并在体外通过构建一维单细胞和二维多细胞的模型,研究病变细胞的相关生长特性,从而判断细胞的病变程度,同时在体外构建细胞的三维模型,结合一维二维所提供的相关信息来进行有针对性的药物筛选,将筛选出来的药物再作用于病人身体,从而对病人进行个性化的药物治疗。

此外,在生物传感领域,利用细胞组装的方法将肌肉细胞与生物兼容性材料进行精确的装配[26-28],可以方便制造具有生物感知特征的生物传感系统和以生物细胞为驱动单元的驱动装置。这种具有生物特征的类生命传感、驱动系统,具有传统机电系统所无法比拟的优势,在未来有可能实现真正可介入人体的智能微小机器人系统。

在神经元芯片方面,通过精确控制神经细胞的生长以及可控的连接,可以构

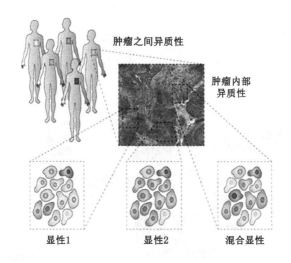

图 1-5　肿瘤的异质型[22]

造出离体的三维神经网络[29-32]。通过外部的激励并记录神经元网络的响应信号,可以模拟大脑的神经元活动,为研究思维、记忆以及想象等问题的研究提供一种新的技术途径。此外,分布有神经元细胞的电极芯片,还可以作为机电和生物信号的接口,用于康复机器人以及行为辅助机器人的交互与控制。

1.2　细胞操作与组装技术的研究现状

　　细胞是人体的基本组成单元,经过近一个世纪的发展,对于细胞的研究可以划分为一维单细胞、二维多细胞、三维组织的研究。在此基础之上,也慢慢发展起来多种细胞的操作和组装的技术,分别为微流控技术、光诱导介电泳技术、3D打印技术。如图 1-6 所示。

1.2.1　微流控芯片技术

　　微流控芯片技术(microfluidic chip)指的是将生物和化学领域中所涉及的样品制备、分离、反应以及检测等功能单元,集成到一块几平方厘米的芯片上,由微通道形成网络并且流体可贯穿整个系统。近年来,基于微流控芯片的细胞检测、分类和分选技术研究成为研究热点[21,33-39]。Wu[40]利用细胞体积不同带来的惯性升力差异,从血液中分选出大肠杆菌,分选通量高并且纯度可达到 99%。Woldkowic 等在微流控芯片平台上开展了单个肿瘤细胞的凋亡分析,用于筛选抗肿瘤药物[41]。Qin[42]等建立了一套集成化的微流控芯片系统,用于研究肿瘤细胞在三维介质中的迁移运动和细胞的凋亡过程。Hur 利用惯性力结合细胞

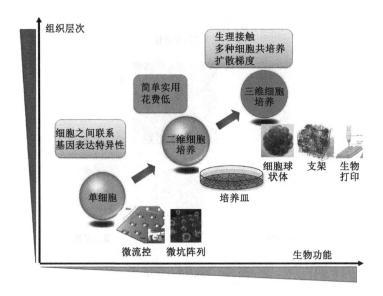

图 1-6　细胞的多尺度研究

膜的弹性特性,将混合在白细胞的肿瘤细胞分选出来,富集率在 5.2 左右,且保持了细胞的高存活率[43]。如图 1-7 所示,这种方法的局限性在于使用微流控芯片进行操控细胞是基于流体力学原理,从而导致操控细胞的精确性不高,并且其所有对于细胞的操控都局限于微流控的芯片内,这极大地阻碍了其推广与应用。此外,微流控芯片批量生产工艺(微加工、键合、表面修饰)也面临诸多挑战。

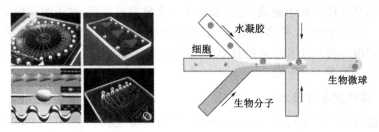

图 1-7　面向细胞分析的微流控芯片系统[44-46]

1.2.2　光电镊技术

基于光电子镊(OET)的操控技术是一种新的微纳操控技术,在 2005 年由 UC Berkely 的 M. C. Wu[47] 小组提出。OET 操控的芯片和系统如图 1-8 所示,其芯片为三明治结构,包括上层的导电氧化铟锡(ITO)玻璃电极,下层沉积有光敏材料层(如氢化非晶硅、二氧化钛等)ITO玻璃电极,在光敏材料层和上极玻璃电极之间为溶液层,包含被操作对象纳米材料或者其他微纳米尺度的物体[48]。OET同时具备了介电泳和光镊技术的优点,既可实现单个微纳米颗粒的操控和装配,又可以实现对不同尺寸和物理特性的微纳颗粒的批量化运输和分离等微操作。自OET技术被提出以来,其应用范围与操作对象越来越广,有关OET的理论和方法研究也得到了很大发展。2009年,Pak小组研究了光诱导电渗流的作用机制并用于实现纳米小球[49]和生物分子[50]的浓度控制,并且与表面增强拉曼散射结合,开拓了在生化检测领域的应用[51,52]。在2013年,Li等发现了细胞在光诱导非均电场中的旋转特性,使得OET芯片有望成为检测癌细胞的手段[53]。

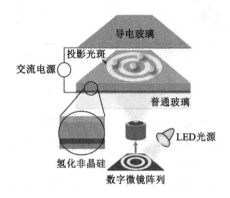

图1-8　光电镊技术示意图[24]

1.2.3　细胞的组装技术

三维细胞的组装技术是近年来生物组织工程和再生医学领域里新兴的技术,方法包括直接打印法、支架法和三维球状体法。直接打印法利用传统计算机打印的概念和技术,通过精确操控和置放生物(各种细胞)和非生物(各种细胞外基质成分、生物化学因子、蛋白质、药物、和生物材料)物质,层层叠加,累积制造,根据预先设计的3D生物结构制造工程化的生物组织构造的技术[54,55]。同其他生物组织工程化制造技术和方法相比较,3D生物打印具有操作简单、可编程化及成本低等优势。如图1-9(a)所示,目前常用的3D生物打印的方法可以分为三种:喷墨打印、微挤压打印和激光辅助打印。

喷墨细胞打印是最早应用于打印细胞的技术,由传统的喷墨打印技术发展而来,不仅可用于细胞打印,在生物芯片及电子制造业等领域也有一定的应用。Boland研究组最先采用喷墨技术进行细胞打印,并成功打印出内皮细胞、微脉

（a）直接打印技术

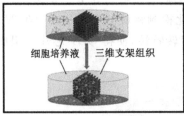

（b）支架技术[43]

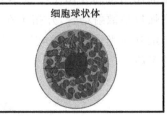

（c）三维球状体技术[47]

图 1-9　三维细胞组装的技术

管系统、平滑肌细胞、羊水源干细胞等[30,57]。目前用于细胞打印的喷墨打印机主要采用热喷墨或压电喷墨技术[58]。微挤压打印技术可以分为点喷射和机械喷射两类。2006 年，Jayasinghe[59-61]等首先采用电喷射技术喷射细胞，并称其为生物电喷射技术。激光辅助打印（Laser-assisted bioprinting）是利用激光对材料的热冲击进行微量材料的转移，该技术通过控制基体与接收层间的距离、聚焦激光的尺寸和激光频率，可以达到预期的分辨率。3D 生物打印主要面临的挑战是细胞剪切应力对细胞活性的影响，并且由于需要细胞事先与凝胶进行混合，因此也很难精确调节细胞在三维组织中的位置和浓度分布[62-66]。

　　三维支架的组织工程的概念是在 20 世纪 80 年代由 Joseph Vacanti 和 Robert Langer 首先提出的，即在一种生物兼容性良好并可降解的支架材料上种植人体活细胞，使之在生长因子作用下，预期能够使得细胞在支架表面分裂增殖最终形成三维组织结构，然后移植到人体内所需要的部位。发展至今，三维支架技术已经可以实现组织修复和再生。三维支架技术通过 3D 打印方法、电纺丝法、冻干法、致孔剂法、热致相分离法等[67,68]，形成多孔状的支架结构，其中致孔剂法是最常用的，一般是将组织工程材料与水溶性的无机盐或者糖粒子进行均匀混合的溶液，待溶液固化后再将内部的粒子溶解掉，从而形成多孔的结构，这一方法是由 Mikos[69]等首先提出的。冷冻干燥法[70]一般是将明胶、藻酸盐和壳聚糖等水凝胶进行冷冻干燥，除去水分子形成三维网状支架结构。现如今 3D 打印（快速成型法）首先由 MIT 开发成功，可以一步形成支架的外形和相连的多孔结构,是一种一体化制备方法,具有成型时间短的优点,可以进行自动化大规模生产并且可制备各个部位具有不同孔结构的支架以便适用于复合组织的不同需求。

三维细胞球状体[71]作为三维组织的一种简易模型,也是在20世纪80年代被提出,在生物医药的研制过程中,三维球状体使用起来非常的简单方便,能够克服二维平面细胞在使用过程中的限制,并且还能够避免系统性的动物实验,具有可重复性强、降低成本的优点。通常构建三维球状体的方法有悬滴法[72]、旋转培养法[73]、微流控芯片法[74,75]、微坑阵列法[76]、声波聚集法等[77]。

1.3 研究目标和研究内容

1.3.1 研究目标

综上所述,尽管对于细胞的操控技术与组装技术都有了比较大的发展,但是,现有的研究大多集中在对于细胞某一特定维度的信息获取,迄今为止依然缺少一种能够同时在体外构建细胞三个维度胞外环境的新技术。为了解决这样一个问题,本书主要围绕在体外同时构建一维单细胞、二维多细胞、三维组织三个不同维度的胞外环境,将细胞排列成特定的构型并获取多维细胞信息来开展相应的研究。

在体外可控的构建细胞的胞外环境,按照人的意愿实现细胞的精确操控和多维组装,通过调节胞外的环境来研究细胞的行为学和获取细胞的多维信息,从而建立多维细胞分析体系,实现多维细胞信息获取,为个性化药物筛选和生物传感提供有力保障。在这个体系的实现过程中,首先需要解决的问题是胞外环境的水凝胶可控构建的方法,现有的方法包括光刻、软刻蚀以及激光直写存在着成本高、制作过程复杂、效率低下的问题,为此,作者需要构建一种无模板、动态和高效率的水凝胶制作系统,阐明生物兼容性水凝胶紫外光固化反应的机理,构建胞外环境建立一维单细胞、二维多细胞的模型,研究环境可控下的细胞行为学,针对细胞模块在多物理场作用下的操控,建立面向细胞模块的电动力学模型,构建细胞在体外的类人体组织的三维模型,并实现个性化药物筛选的功能。

1.3.2 研究内容

多维细胞分析体系将会通过构建细胞的胞外环境,实现细胞从一维到三维的全维模型的建立,综合各个维度的细胞信息,对细胞行为学进行相应的分析,并应用于药物筛选,这样更能优化整个药物筛选的过程,使其更具有针对性,更能够节约成本,起到事半功倍的效果。针对基于光诱导数字掩模的细胞操作与

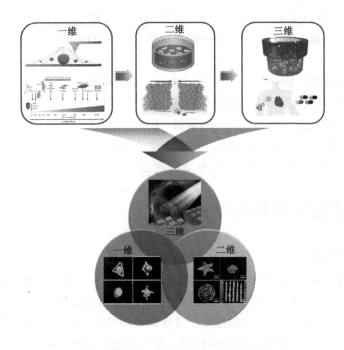

图 1-10　多维细胞分析体系的构建

多维组装方法来构建多维细胞分析体系,本书研究内容主要集中在以下四个方面(见图 1-11)。

图 1-11　本书的研究内容

（1）光诱导水凝胶制造的研究。细胞的胞外环境需要通过水凝胶微结构来构建,首先需要对水凝胶微结构的加工机制进行研究,光引发剂在紫外光的照射下会产生自由基,自由基与水凝胶大分子结构进行反应,打开碳碳双键形成自由单体,自由单体之间相互结合形成聚合链。反应过程受到光照时间、光引发剂浓度、水凝胶单体浓度的影响。因此,需要通过建模和实验来研究光照时间、光引发剂浓度、水凝胶单体浓度对制造过程的影响,进而实现结构加工的精确控制与优化。其次,搭建一套以数字微镜阵列为光调制器的水凝胶微结构的制造系统,能够实现对任意图形水凝胶微结构的加工,从而为可控构建细胞的胞外环境奠定基础。

（2）一维单细胞、二维多细胞胞外环境的可控构建和细胞行为学的研究。在第一部分作者研究了水凝胶微结构的制造机制,并通过搭建的水凝胶微结构的制造系统制作任意的微结构,通过将微结构制作成特定的图形并利用 PEG-DA 水凝胶对于细胞黏附的特性,实现一维单细胞和二维群体细胞的二维图形化。其次,生长在特定形状之中的细胞,其形貌、机械特性以及生长状态都会受到相应的调控,因此,研究中需要对构建的胞外环境细胞行为学的调控加以研究和分析。

（3）三维球状体细胞模型的构建和药物筛选。通过所搭建的紫外光诱导水凝胶制造系统,构建多维尺度和不同形状的微坑阵列,实现三维球状体的细胞模型的构建,细胞球状体作为一种体外三维模型展现出了良好的耐药性。为了更加真实地模拟人体的环境,作者通过将光诱导水凝胶技术与微流控技术相结合,制作了复合异质型细胞球状体,并进行组合药物筛选。

（4）三维微组织的结构在线制造和模块化组装。通过微流控技术将水凝胶微结构制造技术与光诱导介电泳技术相结合,构建水凝胶微结构制造与组装的一体化系统。通过本套系统可以实现包裹有细胞水凝胶微结构的流水线式制造和模块化组装。最终,形成类人体生理环境的多细胞复杂组织连接体,为类人体生理环境的体外模拟提供可行解决方案,为未来组织再生和个性化药物筛选奠定基础。

1.4 本书结构安排

根据研究目标和研究内容,本书的结构共分为 5 章,具体如下。

第 1 章:绪论。介绍了细胞的操控与组装对于生命科学和生物医学领域的重要性,同时结合药物筛选、生物传感等领域对于细胞操控与组装的需求,对现有细胞操作与组装方法分析,阐述了目前存在的问题,提出了基于多维细胞信息获取与分析体系。

第2章:基于数字微镜阵列的紫外光诱导水凝胶制造方法。用于胞外环境构建的水凝胶制造系统是进行多维细胞信息获取与分析的关键,首先对紫外光引发的自由基聚合反应进行相应的建模与仿真分析,从理论上分析各种物质浓度及因素对于反应过程以及水凝胶制造结果的影响,阐明光引发水凝胶微结构的制造机制。其次,提出了一种基于数字微镜阵列的紫外光诱导水凝胶加工系统,对搭建系统的光路进行了相应的仿真分析和优化处理。通过向数字微镜阵列中传输相应的图片,可以实时控制紫外光的曝光图案,从而实现水凝胶微结构个性化定制加工。使用本套系统加工水凝胶微结构可以在短短几秒钟内实现,展现出了效率高、灵活度高和重复性好的特点。最后,对水凝胶微结构的制造特性进行研究,阐述加工过程对水凝胶微结构的形貌影响,同时阐明各个参数对于所制造结构的机械特性的影响。

第3章:细胞一维、二维图形化及细胞行为学的研究。在基于数字微镜阵列的紫外光诱导水凝胶制造系统基础之上,制作水凝胶的微结构,并通过水凝胶来构建细胞的胞外环境,实现一维单细胞和二维群体细胞图形化,并研究图形化对于细胞生长特性的影响。由于水凝胶微结构具有天然的生物惰性,通过将细胞限制在特定环境中生长,来研究不同细胞的增殖特性。为了模拟癌细胞在人体血管内的迁移情况,利用水凝胶制造蜂窝状的沟道结构来研究不同细胞的迁移特性。为了解决细胞在 PEG 水凝胶表面不黏附的特性,通过在水凝胶中添加聚苯乙烯小球来改变水凝胶薄膜的表面粗糙度和机械特性,从而调控细胞对水凝胶薄膜的黏附特性。

第4章:基于微坑阵列的三维细胞球状体模型建立及药物筛选。细胞是人体的基本组成单元,也是药物作用的主要对象,对于细胞的研究能够给细胞行为学和药物筛选带来极大的帮助。通过构建不同尺度和形状的微坑阵列,来实现三维球状体的细胞模型构建。细胞球状体作为一种体外三维模型展现出了良好的耐药性,为了更加真实的模拟人体的环境,通过将光诱导水凝胶技术与微流控技术相结合,制作了复合异质型细胞球状体,并进行组合药物筛选。

第5章:微组织结构的高通量制造和三维模块化组装。现有的细胞模型存在药效准确率低、毒性检测效果差等问题,其主要原因是单个细胞乃至二维平面细胞难以精确模拟人体环境所导致的结果。针对上述问题,面对药物筛选对人体微组织环境的需求,本章的研究提出了微小组织的在线制造和机器人同步装配策略(organ real-time assembly on chip),通过此方法能够根据需求在线制造不同种类的三维细胞微组织,并能同时采用微纳机器人技术进行在线组装,进而形成类人体生理环境的多细胞复杂组织连接体,为类人体生理环境的体外模拟提供可行解决方案。此外,整个过程采用机器人自动化方法实现,因而具备良好的可重复性和稳定性,从而保证类人体生理构建的一致性,为未来组织再生和个性化药物筛选奠定基础。

结论。总结了本书研究的主要贡献和主要创新点,指出了本书研究成果在未来科学发展中的重要价值和意义,并展望了未来的相关研究工作。

第2章 基于数字微镜阵列的紫外光诱导水凝胶制造方法

2.1 引言

在过去的两个世纪,微加工技术已经被广泛地应用于各个行业,其中,微加工技术在水凝胶方面的应用成为一个热门的研究方向,这主要是因为水凝胶可以通过微加工技术进行特定结构的制造,从而应用于组织工程中的支架、药物运输系统和生物传感等方面。本章首先对紫外光引发的自由基聚合反应进行相应的建模与仿真分析,从理论上分析了各种物质浓度及因素对于反应过程以及水凝胶制造结果的影响,阐明了光引发水凝胶微结构的制造机制。其次,提出了一种基于数字微镜阵列的紫外光诱导水凝胶加工系统,对搭建系统的光路进行了相应的仿真分析和优化处理,通过向数字微镜阵列中传输相应的图片,可以实时地控制紫外光的曝光图案,从而实现水凝胶个性化定制加工。使用本套系统加工水凝胶微结构可以在短短几秒钟内实现,展现出了效率高、灵活度高和重复性好的特点。最后,对水凝胶微结构的制造特性进行了研究,阐述了加工过程对水凝胶微结构的形貌影响,同时阐明了各个参数对于所制造结构的机械特性的影响。

2.2 自由基聚合反应

自由基聚合反应是由自由基引发,通过打开单体分子中的双键,使得活性单体进行重复多次的加成反应,从而把单体连接起来,最后形成大分子。一般产生自由基的方法有引发剂受热分解或者受紫外线辐射、电解等方法[78]。

本章中所使用的光引发剂为2,4,6-三甲基苯甲酰基-二苯基氧化膦(TPO),是一种高效的光引发剂,波长吸收峰在269 nm、298 nm、379 nm、393 nm处,吸收波长可达430 nm,因此,本章中的自由基聚合反应属于紫外光引发的自由基聚合反应。作者使用聚乙二醇二丙烯酸酯(PEGDA)作为反应的单体,聚乙二醇二丙烯酸酯是经过美国食品及药物管理局认证的高分子材料,具有非常好的生物兼容性,已被广泛应用于微纳生物制造[79]。整个反应的示意图如图 2-1 所示。在紫外光的照射下,光引发剂 TPO 吸收紫外光的能量,产生两个自由基,自由基与水凝胶聚乙二醇二丙烯酸酯发生反应,打开聚合物单体分子结构中的碳碳双键,从而使得水凝胶单体分子变为活性分子,活性水凝胶分子一部分两端裸露着单个碳键,一部分一端裸露着单个碳键,这样使得活性水凝胶分子通过碳碳双键的结合形成聚合物链,当链与链之间的反应终止时,整个自由基聚合反应也即刻终止,从而使得水凝胶由液体形态交联为固态的结构。整个紫外光引发的水凝胶聚合反应可以分为链引发、链增长、链终止的过程,这三个过程可以用简单的动力学方程来描述:

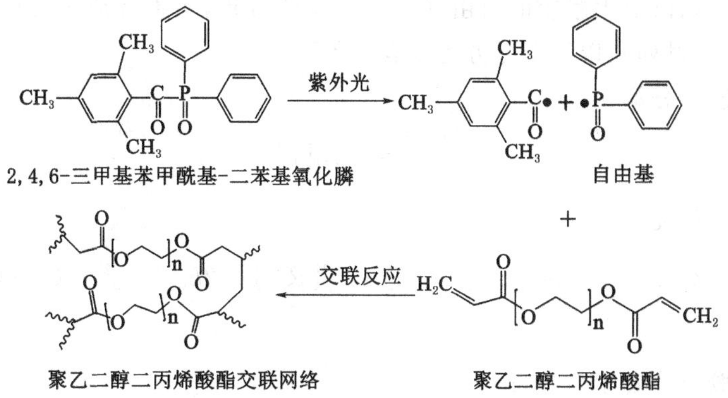

图 2-1　紫外光引发的 PEGDA 的自由基聚合反应

链引发过程:如前文所述,光引发剂在紫外光的照射下产生自由基,自由基与水凝胶分子单体发生反应产生相应的活性自由单体。

$$N \xrightarrow{uv} 2R_0^*$$

$$R_0^* + M \longrightarrow P^*$$

其中,N 为光引发剂;R_0^* 为光引发剂产生的自由基;M 为水凝胶单体分子结构;P^* 为一端打开碳碳双键的水凝胶活性分子结构。

链引发的过程完成后,链增长的过程也就随之而发生,这个过程主要包含三部分:① 自由单体充当自由基的角色,与单体相结合,产生自由单体。② 自由单体与自由基继续发生反应,变为两端碳碳双键都被打开的分子结构。③ 自由单体与自由单体反应,变为两端碳碳双键都被打开的分子结构,如下所示:

$$P^* + M \longrightarrow P^*$$

$$P^* + R^* \longrightarrow P^{**}$$
$$P^* + P^* \longrightarrow P^{**}$$

其中,P^{**} 为聚合物分子链两端的碳碳双键都被打开的分子结构。

随着聚合物链的不断增长,活性聚合物链慢慢消失,其中包括三部分的过程:① 自由基与自由基相结合。② 活性单体与活性单体相结合。③ 活性单体与自由基相结合。链终止反应的过程如下:

$$R_0^* + R_0^* \longrightarrow R_d$$
$$P^* + P^* \longrightarrow P_d$$
$$P^* + R_0^* \longrightarrow P_d$$

其中,R_d 为失活自由基;P_d 为死聚合物链即反应终止链。

那么根据以上水凝胶的自由基聚合反应的过程,根据反应过程中各个物质的量,可以通过列写以下微分方程来表示[80-83]。

光引发剂分解:

$$\frac{d[i]}{dt} = -k_d[i] \tag{2-1}$$

自由基消耗方程:

$$\frac{d[R^*]}{dt} = 2k_d[i] - k_p[m][R^*] - 2k_t[P^*][R^*] - 2k_t[R^*]^2 - k_{toxy}[O_2][R^*] \tag{2-2}$$

水凝胶单体发生聚合反应:

$$\frac{d[m]}{dt} = -k_p[m][R^*] - k_p[m][P^*] \tag{2-3}$$

$$\frac{d[P^*]}{dt} = k_p[m][R^*] - 2k_t[P^*]^2 - 2k_t[P^*][R^*] - k_{toxy}[O_2][P^*] \tag{2-4}$$

链终止反应:

$$\frac{d[P_d]}{dt} = k_t[P^*]^2 + 2k_t[P^*][R^*] + k_{toxy}[O_2][P^*] \tag{2-5}$$

氧气的抑制反应作用:

$$\frac{d[O_2]}{dt} = -k_{toxy}[O_2][R^*] - k_{toxy}[O_2][P^*] - D_{O_2}\left\{\frac{\partial^2[O_2]}{\partial z^2}\right\} \tag{2-6}$$

光源的强度:

$$k_d = 2.3\phi\epsilon I\left(\frac{\lambda}{N_A hc}\right)e^{-2.3\epsilon[i]z} \tag{2-7}$$

$$I = I_0 e^{\frac{-(x-50)^2}{10\,000}} \tag{2-8}$$

其中,$[i]$为光引发剂浓度,$[m]$为单体浓度,$[O_2]$为氧气的浓度,$[r]$为游离自由基浓度,$[p]$为聚合物浓度,$[p_d]$为死聚合物浓度,k_d为光引发剂分解产生游离自由基速率,k_p为自由基与单体反应形成聚合物链的速率,k_t为聚合物链之间、自由基之间、自由基与聚合物链反应生成死聚合物的速率,k_{toxy}为氧与聚合物以及自由基的反应速率,D_{O_2}为氧气的扩散速率,$[O_2]_0$为氧气的初始浓度。

　　光引发剂的分解生成游离的自由基的速率 k_d 与所吸收的紫外光光强、引发剂浓度以及溶液中分布有关,如公式(2-7)所示。

　　通过 Matlab 软件对以上微分方程进行求解,可以得到所制作的结构的高度与单体的浓度、曝光时间、光引发剂的浓度、氧气的初始浓度等之间的关系,如图2-2 所示。

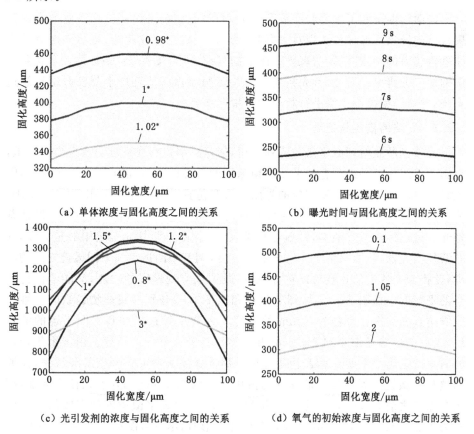

(a) 单体浓度与固化高度之间的关系

(b) 曝光时间与固化高度之间的关系

(c) 光引发剂的浓度与固化高度之间的关系

(d) 氧气的初始浓度与固化高度之间的关系

图 2-2　水凝胶固化高度与各个参数之间的关系

　　由仿真图可以得到,水凝胶结构的固化高度随着单体浓度、曝光时间的增加而增大,但是当加工系统所处的氧气含量非常高时,也就是氧气的初始含量高,则会使得水凝胶的固化高度变小,当光引发剂的浓度在一定范围内变大时,水凝胶结构的固化高度随之变大,但是,当光引发剂的含量增大到一定程度时,水凝胶的固化高度反而减小,这是因为,光引发剂浓度过大,则产生的自由基越多,在玻璃基底的表面的水凝胶极易固化,并且固化后的水凝胶的透光性明显减弱,从而导致水凝胶结构的固化高度的减小。

2.3 基于数字微镜阵列掩模微立体光刻系统的设计与实现

前面已经研究了水凝胶由液态变为固态的过程,是由紫外光引发的自由基聚合反应导致。那么要实现对水凝胶微结构精确的可控制造,则需要对紫外光束进行有效的调制,既要实现光束图形的可控构建,又要保证最后的图形达到一定的加工分辨率。因此,首先搭建一套基于数字微镜阵列的水凝胶微结构制造系统,并对缩束聚焦光路进行相应的模拟和仿真。

2.3.1 光路的模拟与仿真

紫外光源照射到数字微镜阵列之后,通过反射镜将光束导引入投影物镜组,投影物镜组包括一组耦合的平凸透镜和平凹透镜以及 10 倍的紫外聚焦物镜,因此只需要对投影物镜组做相应的光路模拟和仿真即可。作者选用 THORLABS 公司的镀膜平凸透镜和平凹透镜,镀膜均为 350~700 nm 的增透膜,以保证紫外光通过透镜时损失最小,详细参数见表 2-1。由于紫外光源选用的是 375 nm 的紫外激光器,从而保证了入射光的平行度,调节平凸透镜和平凹透镜之间的距离,使得两个透镜的焦点得以重合,从而既可以实现缩束的功能,又能够保持光束的平行度。如图 2-3 所示,图 2-3(a)和图 2-3(b)分别为投影物镜组的二维和三维仿真光路图。直径为 5 mm 的平行入射光束经过平凸和平凹透镜的缩束后,光束的的直径缩小到 3.3 mm 并依然保持着良好的平行度。由于聚焦物镜的入口孔径为 9.9 mm,因此为了保证最后成像质量的完整性以及分辨率,需要调整数字微镜阵列面板微镜阵列的占用比。以 9.5 mm 的入射孔径为标准,那么在缩束之前的入射光斑的尺寸为 14.25 mm,而数字微镜阵列有效的利用面积为 14.95 mm×11.21 mm,因此在设计图形时,尽量将图形控制占用中间 2/3 区域的微镜阵列。

表 2-1　光路所需元件及其相关参数

	直径	焦距/mm	曲率半径/mm	中心厚度/mm	增透膜/nm
平凸透镜	1″	50.2	23	5.8	350～700
平凹透镜	1″	−30.0	−13.8	3.0	350～700
10×紫外聚焦物镜	增透镀膜为 325～500 nm、数值孔径 0.25				

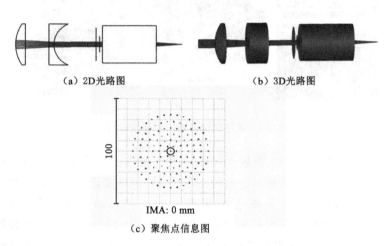

（a）2D光路图　　　　　（b）3D光路图

100

IMA: 0 mm

（c）聚焦点信息图

图 2-3　缩束聚焦部分光路的模拟与仿真

2.3.2　系统的设计与搭建

为了实现快速动态高效的水凝胶微结构的加工,作者选择数字微镜阵列作为系统的动态掩模板。本章中所使用的数字微镜阵列是德州仪器公司生产的 D4100-7 XGA Kit,整个镜面包含有 1 024×768 个 13.6 μm×13.6 μm 的微型反射镜,这些镜面通过镜片下面的轭片装置进行连接,并由铰链进行控制,镜片的翻转角度可以达到 12°,如图 2-4 所示。而微镜的翻转又通过下面的 CMOS 存储单元来控制,当存储单元处于"1"状态时,微镜就翻转到"+12°"状态,此时微镜为"开"的状态;当存储单元处于"0"状态时,微镜就翻转到"−12°"状态,此时微镜为"关"的状态。将数字微镜阵列与适当光源和投影光学系统相结合,反射镜会把入射光反射进入相应的光路,从而使得"开"状态的反射镜呈现明亮,"关"状态的反射镜看起来呈现黑暗[84-87]。简而言之,数字微镜阵列的工作原理就是借助微镜装置反射需要的光,吸收不需要的光来实现影像的投影,而其光照方向是通过控制镜片的角度来实现的。通过数字微镜阵列的控制电路板以及控制软件,设计二进制黑白图片,即可控制微镜阵列的偏转,从而实现曝光图形的调控。

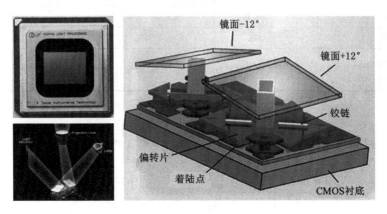

图 2-4　数字微镜阵列的原理结构图

为实现基于紫外光的水凝胶光固化,搭建了如图 2-5 所示的光制造系统,整套系统主要分为以下五个基本组成部分:紫外激光器(波长为 375 nm,功率调节范围:0～50 mW)、数字微镜阵列、投影物镜组、三维移动平台以及 CCD 相机。其中数字微镜阵列作为本套系统的核心部件,起到光调制的作用。投影物镜组是由一个平凹透镜、一个平凸透镜和 10×紫外聚焦物镜组成,平凹透镜与平凸透镜之间的距离与其两个透镜的焦距之和相等,这样可以对紫外光起到初步的缩束作用,以合适的光斑尺寸进入投影物镜中。

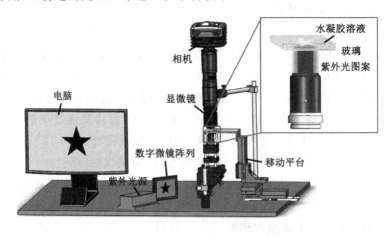

图 2-5　基于数字微镜阵列掩模微立体光刻系统

整个系统的工作原理是,在计算机上设计相应的二进制图形,通过相应的软件导入到数字微镜阵列之中,紫外激光器发射紫外光通过扩束器照射到数字微镜阵列的表面,数字微镜阵列作为动态掩模对紫外光进行调制,与前述原理一致,微镜的偏转将使得所设计的图形准确的反射到投影物镜组中。由于每一个微镜的尺寸为 13.6 μm,那么工作中的 DMD 的曝光区域则为:

$$S = M \times 13.6 \times 13.6 \times |\beta| \tag{2-9}$$

其中,M 为工作中的数字微镜阵列中微镜的数目,β 为透镜物镜组的缩放倍数。同时还可以得到整个系统的近似分辨率:

$$R = 13.6 \times |\beta| \tag{2-10}$$

由于使用的聚焦物镜的缩放倍数为 10$\times$,所以可以得到近似分辨率为1.36 μm。

2.4　水凝胶微结构的制造

首先配置 PEGDA 水凝胶的预聚溶液,然后利用前述所搭建的微立体光刻系统进行相应的微结构的制造。水凝胶微结构的制造能够在 5 s 之内完成,微结构的尺寸可以覆盖10~500 μm。将设计好的图形输入到数字微镜阵列中,可以实现任意形状水凝胶微结构的加工。

2.4.1　水凝胶预聚溶液的配置

由于所使用的光引发剂为 2,4,6-三甲基苯甲酰基-二苯基氧化膦(TPO),这种光引发剂不易溶于水,极易溶于酒精,所以在配置水凝胶预聚溶液时,使用 75% 的酒精作为溶剂。此外,光引发剂 TPO 对于不同波长的光的吸收情况如图 2-5 所示,在 298 nm、379 nm 处存在着吸收的波峰,作者所使用的紫外激光器的波长为 375 nm,其波长曲线分布如图 2-6 中曲线 2 所示。所以,选用的光引发剂的吸收波长能够刚好与紫外激光器的波长相匹配,这样能够更加有利于光引发剂对紫外线的吸收,从而促进光引发剂的转化速度,提高水凝胶聚合反应的效率。

水凝胶预聚溶液的配置详细步骤如下所示:

(1)将纯的 PEGDA 溶液与 75% 的酒精按照 1:4 的比例进行配置,一般而言,作者需要准备 50 mL 的预聚溶液,利用量筒量取 10 mL 的纯 PEGDA 溶液并导入烧杯中,再量取 40 mL 的 75% 酒精与 PEGDA 初步混合。

(2)将初步混合的溶液磁力搅拌 20 min,直至两种 PEGDA 溶液能够完全与酒精混合。

(3)利用锡箔纸将烧杯包裹,并在溶液中加入 0.5%(W/V)的光引发剂

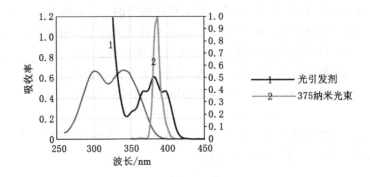

图 2-6　光引发剂 2,4,6-三甲基苯甲酰基-二苯
基氧化膦(TPO)对于紫外线的吸收情况

TPO,然后再次在磁力搅拌下进行混合 30 min,这一过程一定要保证溶液是避光的,防止光引发剂在自然光的照射下产生少量的分解。

(4) 待溶液完全混匀之后,将烧杯内的预聚溶液转移到 50 mL 的离心管中,离心管外层依然使用锡箔纸进行包裹从而实现避光保存。

2.4.2　水凝胶微结构的制造

前面已经搭建了一套基于数字微镜阵列的紫外光诱导水凝胶制造系统,并对光路以及自由基聚合反应进行了相应的仿真,接下来需要利用所搭建的系统进行水凝胶微结构制造。

水凝胶微结构制造的详细步骤如下所示:

(1) 作者在制作水凝胶微结构时,选择盖玻片作为基底,首先需要用无水乙醇清洗盖玻片两次,除去表面的杂质。

(2) 用氮气吹干盖玻片表面,放置于密封的容器内,防止落入灰尘。

(3) 取一片盖玻片,用 1 mL 的注射器吸取配置的预聚溶液,并在盖玻片上滴加 0.2 mL,将溶液涂匀并防止气泡产生,静置一分钟使得溶液自然摊开。

(4) 将盖玻片放置于微立体光刻系统的加工平台上,打开相应的设备。

(5) 将需要加工的图形输入到数字微镜阵列的控制软件(DLP Discovery™ 4 100 Explorer Software)。

(6) 打开紫外激光器快门,功率控制在 20 mW,照射 5 s。准确的照射时间需要根据实际的情况来调节。

(7) 将盖玻片从加工平台上取下,并放置于盛有酒精的培养皿中,将未反应的预聚溶液除掉。

(8) 如果直接用于 SEM 观察,还需要将盖玻片置于无水乙醇中清洗,并晾干。如果用于细胞的培养,则需要用磷酸盐缓冲液清洗。

通过光制造系统可以制作出任意想要的结构,包括单个结构的制作以及阵列的制作,并结合三维移动平台可以实现大面积的制造,如图 2-7 所示。整个制造过程在 5 s 以内便可以完成,充分体现了本套系统的优势。水凝胶微结构的制造方法有很多,软刻蚀[88-90]是最常用的方法之一,整个制造过程比较繁琐,需要设计图形,制作模具,然后进行翻模,虽然这种方法的成本比较低,但是过程太复杂也比较耗时,极大地限制了方法的灵活性和适用性。光刻[91-93]也是一种很常用的方法,虽然光刻可以达到极高的分辨率,但是同软光刻一样,其步骤是非常的繁琐,包括表面处理、旋涂光刻胶、前烘、曝光、后烘、显影和刻蚀等,而且光刻对于实验环境的要求极高。激光直写[94,95]是近些年来发展起来的一种水凝胶加工工具,其也具有超高的分辨率,并且可以加工复杂的三维水凝胶结构。但是,激光直写采用的是激光单点加工的方式,点扫描的模式也使得直写的速度变得相对缓慢,并且激光直写也需要昂贵的仪器以及苛刻的实验环境,这都阻碍了其在水凝胶微结构加工中的普及。

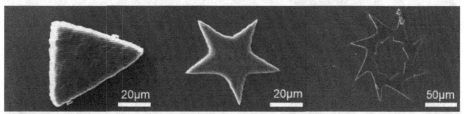

(a) 三角形、五角星和齿轮的结构图

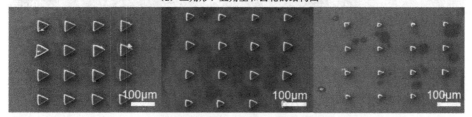

(b) 不同尺寸的 4×4 三角形微结构阵列

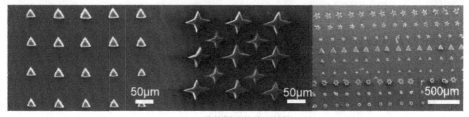

(c) 其他图形的阵列结构

图 2-7　水凝胶微结构的扫描电镜图像

　　与传统制造方式相比,所搭建的系统优势在于省去了制作和更换掩模板的步骤,同样也降低了制作掩模板的成本,使用数字微镜阵列作为数字掩模板能够使得整个制造过程具有相当好的灵活性和可重复性,并且整个制作步骤非常的简单快捷,在制作过程中还可以及时更换图形。

　　除了能够制作二维结构外,本套实验系统还可以制作微柱阵列的结构,由于微柱阵列在控制细胞生长、MEMS 工艺以及微流控芯片中有着极大的应用前景,越来越多的研究人员开始从事微柱阵列的加工。利用本套实验系统可以制作不同形状的微柱阵列结构,如图所示,图 2-8(a)～(e)分别为星形、方形、三角形、圆锥形、圆柱形的的微柱阵列结构。每一个微柱的尺寸大概在 40 μm,高度在 20 μm。

图 2-8　基于光诱导的水凝胶微柱阵列的制造

2.5　水凝胶微结构的制造特性研究

　　水凝胶微结构在制造过程中受到诸多因素的影响,例如光引发剂的浓度、曝光的时间、激光的强度以及水凝胶的浓度等,这些因素会导致所加工结构的形貌以及机械特性的改变。因此,寻找这些诱导因素与所加工结果之间的关系会给以后的加工提供相应的参考。本小节会对所制作结构的形貌进行相应的分析,之后通过对水凝胶结构机械特性的检测建立起与预聚溶液中各物质浓度之间的关系。

2.5.1　原子力显微镜（AFM）

作为扫描探针显微镜的一种，原子力显微镜使用一个一端固定另一端装有针尖的微弹性悬臂来检测样品表面的信息或者通过针尖的下压和反馈来检测样品的机械特性[96]。对于样品表面信息的呈现，原子力显微镜是通过检测探针尖端与样本表面之间的原子间的范德华力来工作的，针尖跟样品间的相互作用力是随距离的改变而变化，当原子与原子之间的距离很近时（电子云的斥力大于原子核与电子云之间的吸引力），整个合力表现为斥力的作用，当针尖与样品的表面有一定的距离时，合力又会表现为引力的作用。不论是斥力还是引力，都会引起微悬臂梁的形变，而这个形变就可以作为针尖与样品相互作用力的直接度量，同时，通过力的检测就能反推出针尖与样品之间的距离。在原子力显微镜的系统中，一束激光是照射在悬臂梁的背面的，当针尖与样品有了交互作用之后，悬臂梁就会发生摆动，而此时，激光的反射光位置也会因为悬臂梁的摆动而发生变化，这会被一个光电检测器（PSD）记录下来，如图 2-9 所示。偏移量通过激光光斑位置检测器转化为电信号，通过控制器的信号处理作为内部反馈，驱使由压电陶瓷管制作的扫描器做相应的移动，以保持针尖和样品合适的作用力。通过得到探针压样品的力曲线，并根据赫兹模型计算出所测样品的杨氏模量。

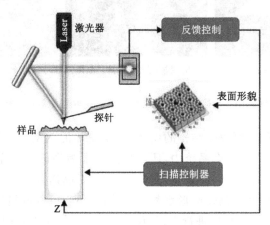

图 2-9　原子力显微镜的原理图

与扫描隧道显微镜（STM）要求样品表面导电不同，原子力显微镜是通过检测针尖和样品表面的作用力来工作的，而原子间的作用力在自然界中是普遍存在的，因此，AFM 可检测的材料非常广泛，可以是导电的导体，也可以是不具有导电性的生物组织和有机材料，并且 AFM 可以在常温、低温、气体、液体、真空环境下工作，从而使得原子力显微镜更具有适应性，在物理学、电化学、生物学中有着广泛的应用[97,98]。原子力显微镜可以通过对表面形貌的分析、归纳、总结,获得更深层次的信息。此外,原子力显微镜也可应用于纳米加工领域,其基本原理是利用探针-样品的可控定位和运动及其相互作用对样品进行纳米加工操纵。

2.5.2 水凝胶微结构形貌特性研究

通过基于紫外光诱导的实验系统可以制造出与图形设计一致的结构,如上图所示,图 2-10(a)为输入到数字微镜阵列中的图像,图 2-10(c)为所制造出来的水凝胶微结构,图 2-10(b)通过边缘轮廓提取算法,将制作的水凝胶微结构的轮廓提取出来,并与图 2-10(a)进行轮廓相似性比较,可以得到轮廓相似性评价结果 89.4%。这样一个结果可以说已经非常的理想,首先水凝胶是一种边缘特性不是很好的光敏材料,并不能像光刻胶一样制作出特别优异的边界。并且水凝胶具有吸水的特性,在拍扫描电子显微镜图像的过程中,会对微结构进行脱水处理,这必然也会影响到水凝胶微结构的形状。

（a）设计图案　　　　（b）制作结构的轮廓提取图　　　　（c）制作的水凝胶结构

图 2-10　水凝胶微结构的边缘轮廓提取与相似性比较

当进行批量的水凝胶微结构的制作时,所制作的微结构的统一性会受到所选激光光源的影响,在本套系统中,所使用的光源为高斯紫外光源,投影到水凝胶表面的图形会受到高斯光源的影响,其强度也是高斯分布,从而会影响所制作的结构大小。利用系统制作圆形水凝胶微结构阵列,可以得到相应的制作结果,通过 SEM 来对制作的结果进行表征,如图 2-11 所示,会发现同一排圆形结构的直径是符合高斯分布的,中间的结构对应的光强要强,周围的结构对应的光强要弱,当曝光时间一定时就会出现如图所示的结构尺寸不统一的现象,从结构尺寸上也进一步验证了所使用的光源是高斯光源。如果想解决这样一个问题,则需要对不同位置的结构曝光时间进行控制,光强弱的区域则通过增加曝光时间来加以补偿。

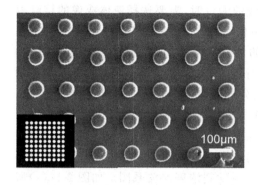
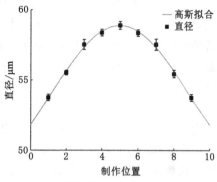

（a）阵列化制作微结构的扫描电镜图像　　　　（b）对微结构尺寸的统计及曲线拟合

图 2-11　高斯光源对水凝胶微结构制造的影响

2.5.3　水凝胶微结构机械特性研究

通过以上水凝胶微制造动力学的分析以及高斯光源对制造的影响作者可以发现,在整个制造过程中对水凝胶微结构的影响因素主要包括:曝光时间、水凝胶单体的浓度、光引发剂的浓度,接下来就需要研究和分析以上因素对水凝胶微结构的机械特性的影响。

水凝胶微结构机械特研究的实验过程如下:

（1）设计三角形的二进制图形,并导入到数字微镜阵列中。

（2）通过旋涂的方法,在载玻片上旋涂一层厚度为 $100\pm5\ \mu m$ 的 PEGDA 预聚溶液。

（3）制作参数不同的三角形水凝胶微结构,分别为类型一:固定参数 PEG-DA 浓度为 30％,光照强度为 53.33 mW/cm² ,光引发剂浓度为 0.3％（W/V）,曝光时间依次递增,分别为 2 s,4 s,6 s,8 s,10 s。每种曝光时间分别加工结构的数目为 20 个。类型二:固定参数光照强度 53.33 mW/cm² ,光引发剂浓度为 0.3％（W/V）,曝光时间为 4 s,PEGDA 的浓度依次递增,分别为 10％,20％,30％,40％,50％。每种 PEGDA 浓度分别加工结构的数目为 20 个。类型三:固定参数 PEGDA 浓度为 30％,光照强度为 53.33 mW/cm² ,曝光时间为 6 s,光引发剂的浓度依次递增,分别为 0.1％,0.2％,0.3％,0.4％,0.5％,每种光引发剂浓度加工结构的数目为 20 个。

（4）将所加工的结构置于 75％的酒精中 5 min,清洗掉未反应的水凝胶预聚溶液,取出盖玻片再次置于新的 75％的酒精中以备原子力显微镜测量机械特性。

（5）使用原子力显微镜进行力曲线的测量时，需要选择液体成像的接触模式，激光预调节时，需要将 PSD 的水平信号调节为 0，竖直信号调节为－2 V。借助于显微镜的视场，找到需要测量的水凝胶微结构，自动下针到微结构的表面，切换到力曲线模式，并对微结构进行下压测试，每一个微结构选择四个测量点，将力曲线进行保存以便进行后续的分析处理。

通过制作相应的三角形微结构，调节在制造过程中不同因素条件，并利用原子力显微镜对微结构进行机械特性的测试，可以得到相应的微结构的杨氏模量。每组实验选取 10 个三角形，每一个三角形上选取 4 个点进行测量，最终可以得到杨氏模量跟曝光时间、水凝胶浓度、光引发剂浓度的关系图。如图 2-12(a)所示，在一定的曝光时间范围内，杨氏模量是随着曝光时间的增加而增加的，当曝光时间超过 6 s，杨氏模量就不会有太大的变化，这主要是因为，水凝的交联反应在 6 s 时间内已经发生得比较完全彻底，在曝光区域不会再有交联反应的发生，

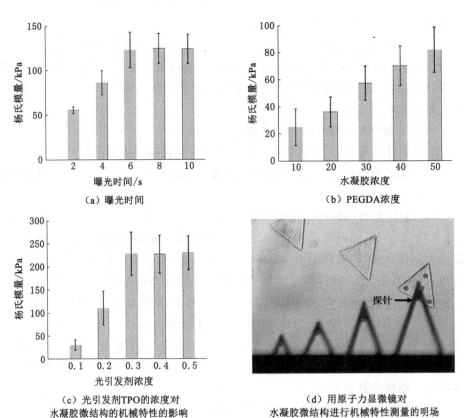

（a）曝光时间

（b）PEGDA浓度

（c）光引发剂TPO的浓度对
水凝胶微结构的机械特性的影响

（d）用原子力显微镜对
水凝胶微结构进行机械特性测量的明场

图 2-12　杨氏模量与曝光时间、水凝胶浓度、光引发剂浓度的关系

从而使得杨氏模量不再有相应的变化。从图 2-12(b)中可以得到，杨氏模量是随着水凝胶单体的浓度的增加而增加的，当单体的浓度越大时，发生交联反应的分子链就越多，从而使得交联的密度增大，从而影响所制作结构的硬度。图 2-12(c)表示光引发剂的浓度会对结构的硬度产生影响，但是与曝光时间的影响相似，在一定的浓度内，杨氏模量的大小与光引发剂的浓度是成正比关系的，超出一定的浓度，光引发剂所产生的自由基已经足够使得水凝胶发生交联反应，从而使得硬度不会再有太大的变化。

2.6　小　　结

　　要通过水凝结微结构来构建细胞的胞外环境，则需要搭建一套水凝胶微结构的制造系统，并且还需要对水凝胶微结构的制造特性进行相应的研究。为此，首先研究了紫外光引发的自由基聚合反应的机理，并通过微分方程组对整个反应过程进行建模，从根本上阐释了通过自由基聚合反应的水凝胶制造机制，为之后的水凝胶微结构的制造提供了理论基础；然后，搭建了一套基于数字微镜阵列的微立体光刻系统，并对整个系统的光路进行了仿真分析和优化处理，得到了系统加工的分辨率。本套水凝胶制造系统以数字微镜阵列为核心，与传统的方法相比，使用此方法进行水凝胶微结构的制造具有高效率、高通量、灵活性好和稳定性高的优点；最后，对水凝胶微结构的制造特性进行了研究，阐述了加工过程对水凝胶微结构的形貌影响，同时阐明了各个参数对于所制造结构的机械特性的影响。

第3章 细胞一维、二维图形化及细胞行为学的研究

3.1 引 言

细胞外环境对于细胞的行为学有着重要的影响,体内的细胞并不是单一的封闭单元,它与周围的细胞以及胞外基质有着各种联系,如何通过在体外构建细胞的胞外环境从而控制细胞的空间分布,进而研究细胞与细胞之间的联系以及药物筛选,已经成为生物工程的研究热点之一。以乳腺癌细胞为例,作为最常见的癌症之一,乳腺癌影响着全球 12% 的女性。跟其他癌症一样,乳腺癌致病的一部分原因要归结于胞外环境对细胞的影响。如何快速实现细胞外环境尤其是癌细胞胞外环境的动态重构,是目前研究者所面临的技术难题。

前面已经搭建了一套基于数字微镜阵列的紫外光诱导水凝胶制造系统,在这套系统的基础之上,制作水凝胶的微结构,并通过水凝胶来构建细胞的胞外环境,实现细胞的群体二维图形化,并研究图形化对于细胞机械特性的影响。由于水凝胶微结构具有天然的生物惰性,通过将细胞限制在特定环境中生长,来研究不同细胞的增殖特性。为了模拟癌细胞在人体血管内的迁移情况,利用水凝胶制造蜂窝状的沟道结构来研究不同细胞的迁移特性。为了解决细胞在 PEG 水凝胶表面不黏附的特性,作者通过在水凝胶中添加聚苯乙烯小球来改变水凝胶薄膜的表面粗糙度和机械特性,从而调控细胞对水凝胶薄膜的黏附特性。

3.2 聚乙二醇二丙烯酸酯(PEGDA)的水凝胶制造及其生物特性

聚乙二醇是经美国 FDA 认可的非降解性的高分子生物材料,具有高亲水性、生物兼容性、免疫原性低、抑制蛋白质吸附、细胞黏连和壳操控性强的性能。作为聚乙二醇的两种衍生物,聚乙二醇二甲基丙烯酸酯(PEGDMA)与聚乙二醇二丙烯酸酯(PEGDA)具有相似的生物特性,具有良好的生物兼容性,在聚合后

会形成三维网络状聚合物,因其具有高含水量及灵活多变的柔性结构,并易于模拟活体组织而被广泛应用于生物医学工程领域。但是,作者通过实验发现,当在玻璃基底上进行水凝胶微结构的制造时,PEGDMA 的微结构对于基底的黏附特性要更加牢固,因为制作好的水凝胶微结构在培养细胞之前需要经过一系列的清洗过程,期间会导致微结构从玻璃基底上脱落,通过实验发现,PEGDMA制作的微结构不易脱落,并且微结构的厚度越小,微结构与基底的黏附力越大,越不容易脱落。

通过在玻璃基底上制作弧形水凝胶微结构,并与细胞进行混合培养,经过两天的培养,发现细胞的生长区域有一条明显的分界线,如图 3-1 所示,在PEGDA 水凝胶覆盖的区域,细胞几乎不会生长,与之相反的是,没有水凝胶的地方细胞生长状况良好,与在细胞培养皿中培养细胞没有什么差异。这主要是因为,PEGDA 和 PEGDMA 具有天然的生物惰性,结构与细胞进行共培养时,细胞会识别水凝胶表面而不会黏附于基底之上,进而会选择黏附于玻璃基底上。

利用水凝胶微结构对于细胞的排斥特性,可以通过光诱导水凝胶制造系统来制作相应的水凝胶的微结构(见图 3-2),所做的结构为中空结构,用水凝胶覆盖周围的玻璃基底,并以此来培养细胞,细胞对基底选择性黏附,从而实现细胞特定的图形化。如图 3-3(e)和图 3-3(f)所示,分别制作了三角形和圆形的空间结构。

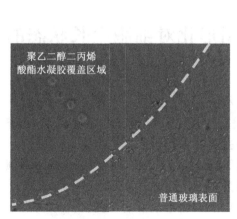

图 3-1　固化后的 PEGDA 薄膜对
细胞表现出不黏附的特性

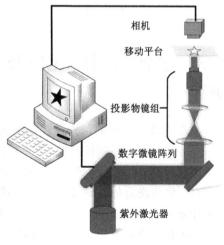

图 3-2　水凝胶微结构制造系统

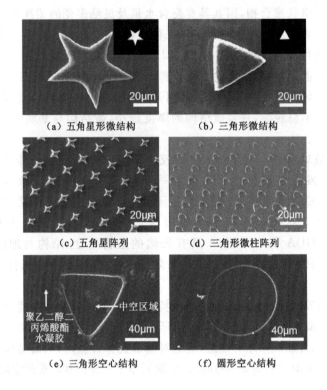

（a）五角星形微结构　　　　（b）三角形微结构

（c）五角星阵列　　　　（d）三角形微柱阵列

（e）三角形空心结构　　　　（f）圆形空心结构

图 3-3　利用 PEGDA 的不黏附细胞的特性制作空心结构来进行细胞的二维图形化

3.3　单细胞图形化以及图形化对细胞生长状态的研究

单细胞微坑阵列的制作过程如下所示：

（1）在微坑阵列制作之前，需要对盖玻片进行相应的处理，首先用无水乙醇清洗玻璃表面，并用无尘纸进行擦拭，除去玻璃表面的杂质。

（2）将清洗后的玻璃浸泡在多聚赖氨酸的溶液中进行处理，以此来增强细胞对于玻璃表面的黏附特性。浸泡时间为 24 h，之后自然晾干。

（3）在玻璃表面滴加 PEGDA 的预聚溶液，将溶液平铺在玻璃表面，并置于加工平台之上。

（4）打开紫外光投影系统，进行微坑阵列的制作。

（5）加工完成之后，取下盖玻片，并置于 75％的酒精中，将未反应的水凝胶预聚溶液除去，浸泡时间为 10 min。

（6）将盖玻片置于无菌的磷酸盐缓冲溶液中，除去酒精，浸泡 5 min。

（7）将盖玻片置于装有培养基的培养皿之中，然后将消化后的细胞按照特定的浓度需求，加入到培养皿中，进行培养。

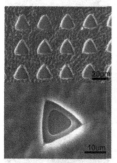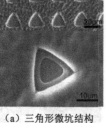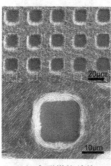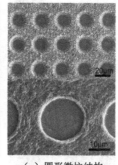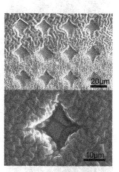

（a）三角形微坑结构　　（b）方形微坑结构　　（c）圆形微坑结构　　（d）星形微坑结构

图 3-4　PEGDA 微坑结构的扫描电子显微镜图片

将载有微坑结构的盖玻片与细胞共培养，培养两天之后，细胞则会在微坑之中填充满，这样细胞生长的形状就与微坑的形状相吻合。经过两天的生长，细胞能够填充满微坑结构，并且长成与微坑形状相吻合的形状。通过微坑结构进行单细胞形状调控后，细胞的形状发生重要的变化，培养在培养皿上的细胞如图 3-5 所示，细胞在培养皿上铺展得非常好，细胞的长度能达到 40 μm。通过微坑的限制作用，细胞能够被可控地限制在特定的生长区域内，并且细胞的形状也发生极大的改变。此外，通过荧光图像可以看到，细胞骨架的分布也受到微坑结构得影响，如图 3-6(p)所示，星形细胞的细胞骨架几乎是沿着对角线进行分布的。

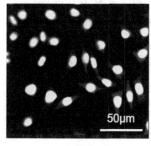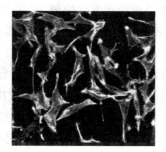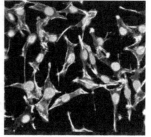

（a）细胞核　　　　　（b）细胞骨架　　　　（c）细胞核与细胞骨架合成

图 3-5　生长在培养皿上细胞荧光图像

为了进一步验证单细胞微坑阵列的多功能性，制作了不同的三角形微坑结

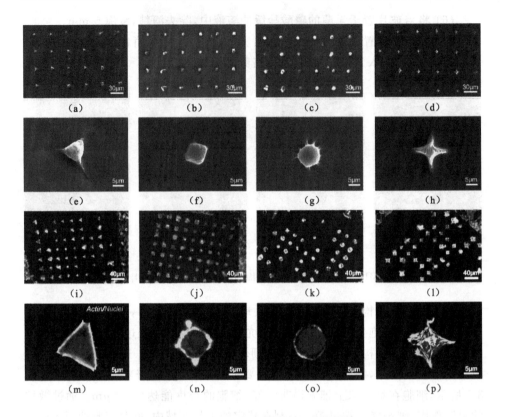

图 3-6　通过微坑来调节单个细胞的形状

构,分别为等边三角形、直角三角形、等腰三角形(图 3-7),将细胞与微坑进行共培养之后,细胞的形状乃至长成特定形状的细胞[图 3-7(g)至图 3-7(i)]的角度与三角形微坑的角度能够相吻合,也进一步验证了作者进行单细胞图形化方法的精确可控性。

　　细胞在与微坑阵列进行共培养之前,需要对其进行消化并选取特定的浓度,在本部分的工作中,添加到微坑阵列中细胞的浓度依次为 0.1,1,3×10⁶ 个/mL,将 3 mL 的细胞悬浮溶液添加到 35 mm 的培养皿中,经过一夜的培养之后,用微弱的流体将未黏附的细胞冲走,那么单个细胞的填充率可以通过以下公式进行计算:

$$Single\ cell\ occupancy(\%) = (\frac{Number\ of\ wells\ occupied\ by\ single\ cell}{Number\ of\ wells}) \times 100\%$$

(3-1)

　　在微坑阵列与细胞共培养之后,通过随机选取区域的方法来统计单个微坑

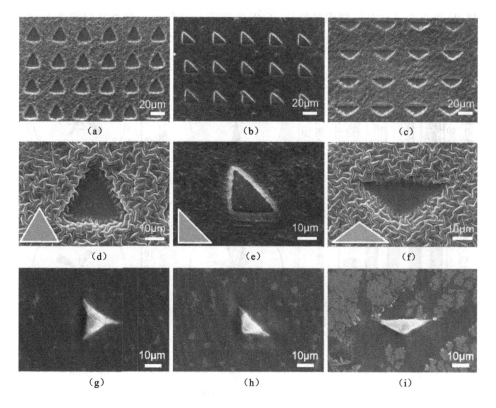

图 3-7　细胞形状的精确控制

的单细胞占有率。图 3-8(a)微坑结构中的单细胞占有率与细胞浓度和微坑形状之间的关系,每一种形状的测量数目均为 500 个;图 3-8(b)不同形状的单细胞的机械特性,每一种形状的细胞获取 100 条力曲线;图 3-8(c)～(f)形状对于细胞分裂的分裂轴的影响。如图 3-8(a)所示,不论是哪一种形状的微坑结构,单细胞的占有率随着细胞浓度的增加而增加,对于圆形微坑结构,在细胞浓度达到 0.1×10^6 个/mL 时,单细胞占有率能够达到 $50.9 \pm 3.4\%$,当细胞浓度上升到 3×10^6 个/mL 时,占有率能够达到 $90.1 \pm 4.6\%$。但是,对于同一种浓度,方形以及三角形的微坑结构的细胞占有率要比其他两种形状的大。此外,通过设计圆形的微坑结构,可以构建单细胞工作站以及细胞的球状体。同时,不同形状的单细胞的杨氏模量可以通过原子力显微镜测量得到,如图 3-8(b)所示,生长在普通玻璃上 L929 的杨氏模量是 3.36 ± 0.31 kPa,与之相比,通过微坑改变形状的单个细胞,其杨氏模量要大很多。正如之前所描述的,细胞生长在玻璃片上,其形状是完全铺展开的,但是生长在微坑阵列中的细胞,其细胞的尺寸受到了限制,从而改变了自身的细胞骨架结构,以便适应新的环境。但是从结果中显示,各个形状的单细胞之间的杨氏模量的区别并不是很大。

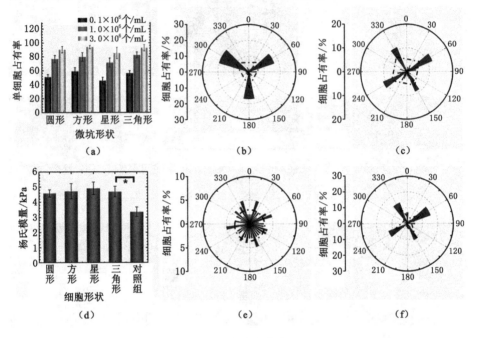

图 3-8　细胞占有率

此外,PEGDA 微坑阵列薄膜能够被物理剥离,从而使得单个细胞脱离物理约束,能够自由的生长。微坑阵列能够被剥离,主要取决于在制作过程中,通过将微坑阵列进行一定区域的叠加,将多个微坑阵列连接到一起(图 3-9),待细胞在微坑阵列中生长之后,利用镊子将水凝胶薄膜进行去除。整个过程不会对已经长成特定形状的细胞产生任何的损害,并且在揭掉薄膜之后,形状对于细胞的生长特性的影响就可以被研究。传统的方法制作的微坑或者表面处理,仅仅能够实现将细胞限定在特定区域内生长,待长成特定形状之后很难将其周围的限制去除。将微坑阵列薄膜揭掉,可以实现胞外环境的动态擦除,通过显微镜实时记录细胞生长的生长过程,可以观察到,细胞有丝分裂的方向与细胞的形状有着极大的联系。

细胞长成特定的形状,一方面反映在其内部的构造上,细胞的骨架和应力纤维都会与细胞的形状密切相关。如图 3-10(a)所示,单个细胞生长成星形状,四个角为细胞的生长提供了黏着点,起到一个固定的作用,而细胞内部的应力纤维在黏着点的辅助下,生长方向也随之变化。另一方面,细胞的有丝分裂与细胞的

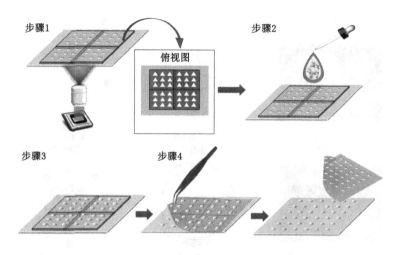

图 3-9　微坑阵列的物理性擦除

纺锤体有着直接相关的联系,而细胞骨架又对纺锤体的方向有着重要的影响,研究者已经表明,细胞骨架中的应力纤维的分布对于纺锤体的方向有着重要的影响[99-102]。而纺锤体的分布及方向决定着细胞的有丝分裂的方向。因此,在本实验中,细胞的应力纤维通过不同形状的微坑结构进行重组和调控,如图 3-10 所示,星形、三角形、方形都有明显的黏着点,为其边缘的角,通过简单的建模,细胞核最为虚拟的受力点,四周的黏着点作为固定点,应力纤维可以假设为弹簧结构,这样细胞核就会受到相应的力的作用,从而影响纺锤体的方向,所以单个细胞的有丝分裂的方向受到力学信号的控制,而这个力学信号恰恰可以通过不同形状的微坑来构建。通过实验可以观察,三角形、星形、方形的单细胞进行有丝分裂时,分裂的轴线总是沿着角度方向[图 3-8(c)(e)(f)],分裂轴线的测量方法如图 3-11 所示,母细胞在分列时会首先收缩成圆形的形状,然后分裂成两个子细胞,两个子细胞中心之间的连线即是有丝分裂的轴线。

　　研究单细胞的动态特性以及细胞的响应在生物学中有着重要的意义。对于单细胞的研究包括细胞的形貌、机械特性和分裂增殖,目前存在着诸多的研究方法,其中微压印[103]的方法是最常见的一种,但是这种方法需要提前设计好模板,而且整个制作过程需要耗费大量的时间。光刻[92]作为另一种常用的方法,尽管有着非常高的分辨率,但是也需要物理掩模板和繁琐的制作过程。与以上两种方法相比,通过紫外光诱导的水凝胶制造方法,是不需要物理掩模的,而且易于操作,对于操作环境没有严格的要求。整个制作过程具有高效、高灵活、高稳定性等优点。

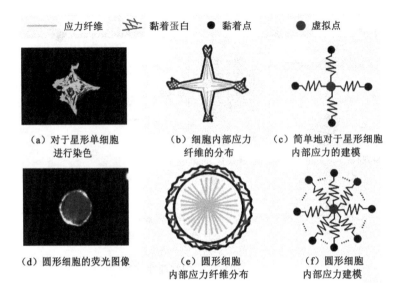

图 3-10　细胞黏着斑导致内部应力的建模

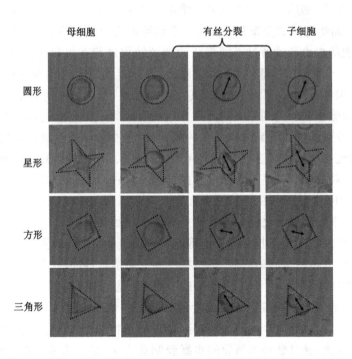

图 3-11　不同形状的单细胞进行有丝分裂的过程

3.4 细胞二维图形化

细胞的二维图形化,能够将细胞精确地定位在特定的位置,并控制细胞的大小以及空间分布,这对于组织工程、制作细胞的传感器以及生物学的基础研究都有很大的推动作用[104-106]。细胞的二维图形化的实现方法可以分为两类:一是对特定材料的表面进行修饰[107],使得细胞能够黏附在特定的区域中生长,从而形成特定的图形。二是通过构建物理障碍,将细胞限制在特定的区域中进行生长[108]。

近些年发展起来的细胞二维图形化的最常用方法有光刻技术和软刻蚀技术[109-111]。光刻技术在固体表面图形化中具有非常高的精度,其分辨率可以达到纳米级别,被广泛地应用于半导体产业中,同时光刻需要非常昂贵的设备以及超洁净的实验空间,并且光刻的过程中会使用大量的化学试剂,会对所制作结构表面造成不必要的化学污染,而细胞二维图形化需要的分辨率在微米级别,这些因素限制了其在生物技术方面的广泛应用。相比较于光刻而言,软刻对实验条件要求较低,但是软刻蚀需要比较复杂的制备过程。因此,不论是光刻还是软刻蚀都不太适合作为细胞图形化的常用方法。因此,提出利用光诱导水凝胶微结构制造系统,来制作水凝胶的图案,并用来培养细胞,实现细胞的二维图形化。

3.4.1 细胞二维图形化的实验研究

前面已经实现了空心水凝胶微结构的制作,这里利用在玻璃基底制作的空心水凝胶微结构来实现细胞群体的二维图形化。具体的实验步骤如下所示:

(1)利用水凝胶制造系统设计并制作相应的空心水凝胶微结构。

(2)将在玻璃基底上制造的水凝胶微结构浸泡在酒精中,清洗掉未反应的水凝胶溶液,然后再放置于无菌的磷酸盐缓冲溶液中。

(3)取加热好的培养基 4 mL 置于直径为 35 mm 的细胞培养皿中,然后用镊子从无菌磷酸盐溶液中夹取载有微结构的盖玻片置于细胞培养皿中。

(4)用胰蛋白酶消化需要传代的细胞两分钟,弃掉胰蛋白酶,加入新鲜的培养基,将细胞从基底上吹下来,最后形成细胞悬浮溶液。

(5)用移液枪吸取一定量的细胞悬浮液,加入到载有盖玻片的细胞培养皿中,进行培养。

(6)经过两天的培养,细胞会填充满水凝胶未覆盖的区域,从而实现了细胞二维图形化。

为了便于记录细胞的生长情况,作者使用细胞增殖与示踪检测试剂盒(CF-DA SE)来对细胞进行染色[112],这种荧光探针会通透细胞膜,进入细胞后可以被细胞内的酯酶催化分解为 CFSE,CFSE 之后与细胞内的蛋白发生结合反应,并标记这些蛋白,被标记的细胞的荧光非常稳定,稳定标记时间可达数月,并且,每次分裂之后,子代细胞的荧光强度会减弱一半,因此,CFDA SE 对细胞的生长几乎没有任何的影响,并且荧光一直会跟随细胞,这极大地便于作者利用荧光来观察细胞的生长情况。

在将细胞与水凝胶微结构共培养之前,首先利用 CFDA SE 对细胞进行染色,染色时要除去培养皿中的培养基,然后加入配置好的染色剂,37 ℃孵育 10 min,之后进行消化,制作细胞的悬浮溶液并加入到水凝胶微结构中进行共培养。通过荧光显微镜能够观察细胞的生长情况,如图 3-12 所示,荧光图像记录了细胞在三角形空心水凝胶结构中的生长状况。加入细胞悬浮溶液后,细胞首先会选择水凝胶未覆盖的区域进行黏附,待细胞完成贴壁之后,开始正常分裂增殖,在第三天的时候,细胞已经可以将三角形的区域填充满,实现了细胞的二维图形化。

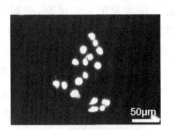
（a）细胞开始在水凝胶
未覆盖的区域进行黏附生长

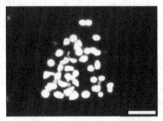
（b）第二天,细胞开始分裂增殖

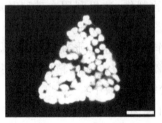
（c）细胞已经将空心区域填充满,
从而得到作者想要的细胞群体

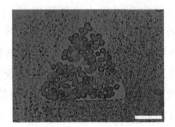
（d）细胞培养三天后的红色明场

图 3-12　通过荧光染色标记细胞在三角形空心结构的生长情况

通过设计不同的水凝胶微结构图形,可以对细胞群体图形化进行个性化定制。如图 3-13 所示,可以实现细胞群体的方形、圆形、三角形、星形的图形化,也可以制作细胞链式结构和圆环形结构。图 3-13(f)的结果显示,控制圆形沟道的尺寸在 10 μm 左右,每个沟道恰好可以容纳单个细胞,最后形成单细胞圆环链式结构,为研究单个细胞之间的联系提供了相应的工具。

通过水凝胶微结构来对细胞进行图形化,就需要对图形化后的细胞存活率

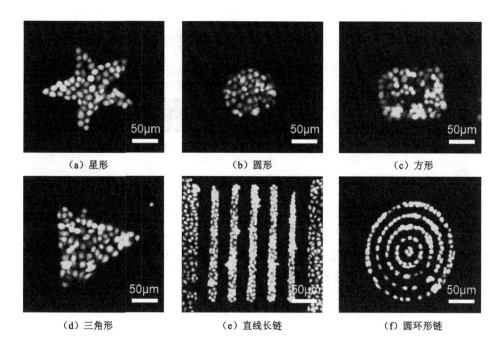

（a）星形　　　　　　　　（b）圆形　　　　　　　　（c）方形

（d）三角形　　　　　　　（e）直线长链　　　　　　（f）圆环形链

图 3-13　细胞二维图形化结果

进行相应的检测。使用钙黄绿素-AM（Calcein-AM）和碘化丙啶（PI）溶液来对活细胞和死细胞进行染色,钙黄绿素更易通过细胞膜,通过活细胞内的酶脂作用,使得 Calcein-AM 脱去 AM 基团,产生的 Calcein 能够发出强绿色荧光,可以用来检测活细胞。因为碘化丙啶因为不能穿过活细胞的细胞膜,所以,只能对死细胞的细胞核进行染色,嵌入细胞的 DNA 双螺旋结构并发出红色荧光。利用活死双染染色方法,来对所制作的细胞二维图形化进行表征,实验结果如图 3-14 所示,细胞的存活率为 100%,细胞并没有因为水凝胶微结构的限制而产生死亡的现象。这也进一步说明,使用水凝胶微结构进行细胞二维图形化的方法具有良好的生物兼容性,对细胞的生存情况并未产生影响。

相比于光刻和软刻蚀的方法,作者提出细胞二维图形化的方法,在材料表面图形化方面更加简单快捷,并且整个过程不需要化学试剂的处理,保证了材料的洁净度,不会影响细胞的正常生长。

3.4.2　细胞二维图形化对细胞机械特性的影响

通过水凝胶制造系统,制作水凝胶的微结构,并以此来培养细胞,实现了细胞群体二维图形化。通过活死双染色的方法检测图形化细胞的存活率,细胞的活性并未受到图形化的影响,结果表明图形化后的细胞依然具有很高的存活率。

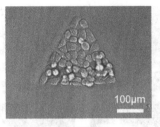 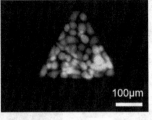

（a）明场图形 　　　　　（b）活死检测荧光

图 3-14　细胞存活率的检测

　　本节主要探讨生长在受限制区域群体细胞的机械特性是否得到了有效的调控。利用水凝胶固化系统制作多层圆环的结构，如图 3-15（d）所示，并将圆环形的区域进行划分，分别为生长在圆环区域之外的细胞（正常生长的细胞），生长在圆环之内受限制区域的细胞。通过原子力显微镜获取不同区域细胞的机械特

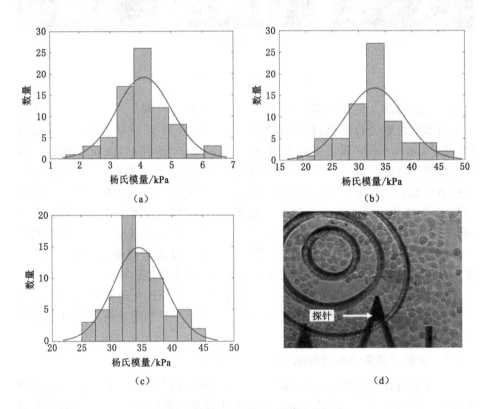

（a）　　　　　　　　　　　　　　（b）

（c）　　　　　　　　　　　　　　（d）

图 3-15　图形化对细胞机械特性的影响

性,每个区域选择 50 个细胞,每一个细胞的选取 3 个不同的位置进行测量。通过对每一个区域细胞的力曲线进行分析计算,得到各个区域细胞的杨氏模量,进行数据的统计分析。图 3-15 中(a)、(b)、(c)图分别对应着图 3-15(d)中的 A、B、C 三个区域,通过计算可得到,生长在水凝胶微结构外围的细胞的杨氏模量在 4 ～6 kPa,但是生长在受限制区域的杨氏模量为 26～35 kPa。结合图 3-16 所示,每个区域选取 10 个细胞,1～10 号为生长在普通区域的细胞,11～30 号为生长在受限制区域的细胞。受限制区域细胞的杨氏模量明显要高于普通区域细胞的杨氏模量。这与单细胞生长在受限制区域而自身的杨氏模量增加的特性相一致。

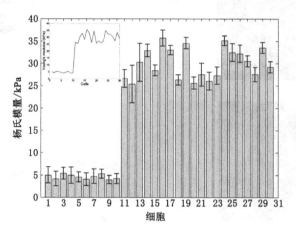

图 3-16　不同区域的细胞机械特性

生长在受限制区域细胞的杨氏模量之所以比普通区域高,主要是因为细胞的杨氏模量是由细胞骨架决定的[113,114],生长在受限制区域的细胞由于生存空间有限,细胞会发生相应的形变,收缩细胞骨架以便适应新的生存环境,而生长在普通区域的细胞,细胞形态相比受限制细胞会更加铺展,细胞的硬度相对来说比较小。

3.5　癌细胞行为学的调控

乳腺癌细胞作为最常见的癌症之一,全球约有 12% 的女性患有此病。跟其他癌症一样,乳腺癌致病的一部分原因要归结于胞外环境对细胞的影响。如何快速实现细胞外环境尤其是癌细胞胞外环境的动态重构,是目前研究者所面临的技术难题。本小节将会通过水凝胶制造系统来构建癌细胞的胞外环境,进而调控癌细胞的行为学,这包括癌细胞的表面形貌调控、癌细胞分裂增殖特性的研究、癌细胞机械特性的调控和癌细胞血管迁移的仿生。

3.5.1 癌细胞表面形貌的调控

利用前述的水凝胶制造系统,制作特定图案的水凝胶微结构,并用于培养乳腺癌细胞(MCF-7)。如图 3-17 所示,通过水凝胶的制造系统来制作不同字体的"SIA"图案,与 MCF-7 共培养之后,细胞会生长成对应的字母图案。

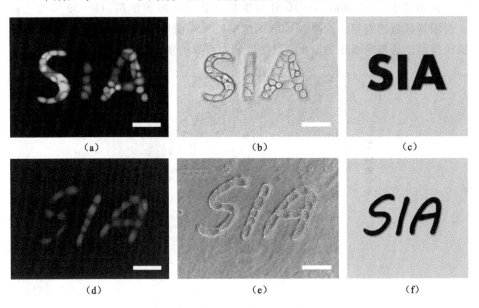

图 3-17　通过水凝胶制造来实现"生物字"的书写

利用水凝胶制造系统制作圆环形的结构,每个圆环之间沟道的宽度为 10 μm,刚好可以容纳一个被消化之后的球形细胞,细胞落在沟道内后进行贴壁生长,由于受到沟道物理限制,细胞在生长过程之中形貌也发生相应的变化,与所处的环境相契合。细胞骨架的荧光图 3-18 所示,经过两天的培养之后,单个细胞的形貌已经变成了修长的弧形,与生长在普通培养皿上的细胞形貌相比[图 3-18(d)]有了非常大的变化。

为了观察细胞骨架的变化,作者对细胞的骨架进行相应的染色,具体的染色步骤如下:

(1)除去需要染色细胞的培养基,之后用磷酸盐缓冲液清洗两遍。

(2)加入 4% 多聚甲醛,对细胞进行固定,多聚甲醛的体积要覆盖所有细胞,固定时间为 10 min。

(3)固定完成后,去除多聚甲醛,加入磷酸盐缓冲溶液进行清洗两遍。

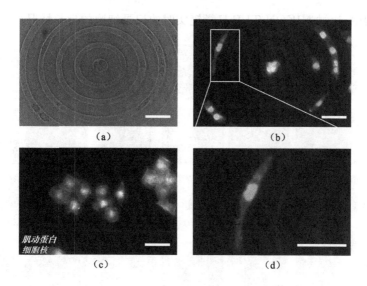

图 3-18　圆环形水凝胶微结构对癌细胞形貌的调控

（4）用碧云天的二抗稀释液按照 1∶50 的比例稀释鬼笔环肽细胞骨架染色剂（Cyto Painter Phalloidin-i Fluor 488 Reagent），稀释后的溶液即为细胞骨架染色工作液。

（5）取一定体积的染色工作液，滴加到需要染色片子上，染色液的体积也要覆盖片子上的所有细胞。室温避光孵育 90 min。

（6）染色完毕后，用磷酸盐缓冲溶液清洗两次，每次 5 min。

（7）加入 DAPI 染色液，对细胞核进行染色，避光孵育 10 min。

（8）染色完毕后，用磷酸盐缓冲溶液继续清洗两次，每次 5 min。

（9）加入抗荧光淬灭剂，覆盖整个染色片，之后便可以进行观察。细胞骨架需要用蓝光波长进行激发，呈现绿色荧光。细胞核则需要用紫外光波长激发，呈现蓝色荧光。

3.5.2　癌细胞增殖特性的研究

无限增殖是癌细胞的主要特征之一，为了研究癌细胞增殖特性，构建了三角形的空心水凝胶微结构，通过构建的水凝胶微结构可以将细胞限制在特定的区域内进行生长，细胞不会迁移到其他的地方，这样可以有利于精确统计与分析，并且这种结构是黏附在玻璃基底之上的，可以通过带有培养装置的显微镜对细胞的生长状况实时记录。如图 3-19 所示，分别为四种不同的细胞，人胚胎肾细胞（HEK-293）和小鼠纤维母细胞（L929）两种普通细胞，人肝癌细胞（HepG2）和乳腺癌细胞（MCF-7）两种癌细胞。四种细胞均培养在相同的空心三角形水凝胶微结构中,通过 NIKON TI-E 显微镜实时的记录细胞的生长情况。

图 3-19　不同细胞在空心水凝胶微结构的增殖特性

　　通过计算相对生长状态来表征各个细胞的增殖速度,相对生长状态的计算如公式 3-2 所示,其基本原理是当前在三角形中细胞的数目与最开始的细胞数目之比,如图 3-19 所示,首先得到在 0 时刻各种细胞在三角形中的数目,然后再计算其他任意时刻的细胞的数目,相对生长状态就是任意时刻的细胞数目与 0 时刻细胞数目之比。

$$r = \frac{\text{current cell number}}{\text{original cell number}} \tag{3-2}$$

　　四种细胞的实时相对生长状态如图 3-20 所示,由图可以看出,所有细胞在前期生长速度都比较缓慢,但是在 20 h 之后,细胞的增殖速度明显有了提升。这主要是因为前期细胞都比较分散,细胞与细胞之间的联系非常少,经过前期细胞的初步分裂增殖以及细胞的迁移运动,细胞与细胞之间的联系变得多了起来,细胞之间的密切联系也加速了细胞自身的分裂增殖[115]。此外,在 30 h 之后,癌细胞的增殖速度明显高于其他两种普通的细胞,这也验证了癌细胞的无限增殖特性。

　　在研究细胞增殖的过程之中,发现当乳腺癌细胞 MCF-7 填充满三角形空心区域之后,没有了生存空间的细胞开始向水凝胶表面进行迁移,定义这种现象为被动迁移。生长在玻璃片上的细胞就可以分为三种类型,第一类是生长在玻璃片上的细胞,第二类是生长在三角形空心限制区域的细胞,第三类是被动迁移到

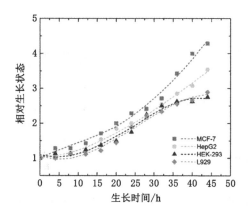

图 3-20　四种不同细胞的相对生长状态

水凝胶薄膜表面的细胞。如图 3-21、图 3-22 所示,通过原子力显微镜对不同区域的细胞的机械特性进行相应的检测,结果显示,生长在玻璃片上的细胞的机械特性为 3.3 ± 0.8 kPa,生长在三角形受限制区域细胞的机械特性为 4.2 ± 1.1 kPa。受限制区域的细胞的硬度变大在之前的研究中已经阐述,主要是因为细胞的骨架发生了变化,引起的自身机械特性的变化。但是,生长在水凝胶薄膜表面的细胞,明显要比其他两种细胞软。通过分析,这主要是细胞生长的基底特性不同导致的,水凝胶自身的硬度在第二章中已经有过研究,其机械特性明显要比玻璃的小,也就是说水凝胶的薄膜要软一点,正是基底比较软的这样一种特性,才会引起生长在其上的细胞变软。通过设计水凝胶微结构的图形来实现对胞外环境的构建,所构建的胞外环境既可以对癌细胞表面形貌进行调控,也可以是实现对细胞自身机械特性的调控。

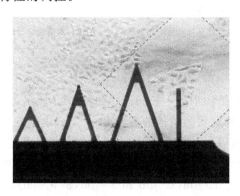

图 3-21　乳腺癌细胞在填充满三角形区域之后,会向水凝胶覆盖的区域发生迁移

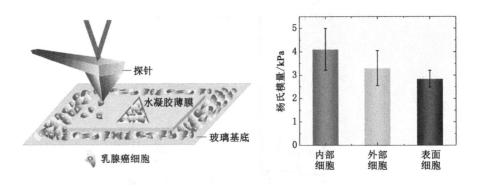

图 3-22 生长在不同区域细胞的机械特性的测量

3.5.3 癌细胞迁移特性的调控

癌细胞能够转移到全身,其中一个原因是通过血管转移,癌细胞以单个细胞或者有纤维素连成一团的形式进入血管并在血管中移动,进入血管的癌细胞大都不能存活,但是它们会择机浸润血管壁或者穿过血管壁进入其他组织。为了研究癌细胞在血管中的迁移情况,制作了蜂窝状的水凝胶微结构(见图 3-23)。

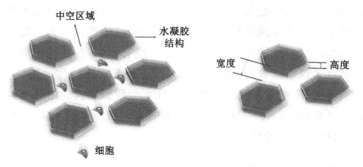

(a)细胞生长在蜂窝状微结构之中   (b)沟道的宽度以及沟道的高度

图 3-23 蜂窝状微结构的示意图

细胞在蜂窝状微结构中的生长和迁移如图 3-24 所示,细胞在蜂窝状个沟道内进行生长和迁移,蜂窝状微结构的高度为 30 μm,由于受到 PEGDA 生物惰性的影响以及物理空间限制,细胞只能在沟道内进行生长和迁移。

利用荧光染色的方法来观察细胞在不同的沟道内生存的情况,如图 3-25 所示,沟道的尺寸依次为 10 μm,20 μm 和 30 μm,消化后的细胞会散落在每一种沟道之中,随着细胞的贴壁和生长,细胞会通过调节自身的结构以便适应不同的生长环境。由荧光图像可以看出,生长在 30 μm 沟道中的细胞铺展性更好,而

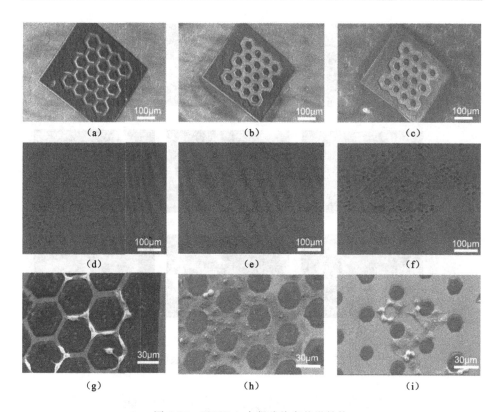

图 3-24　PEGDA 水凝胶蜂窝状微结构

生长在 10 μm 沟道的细胞则会变得更加修长。但不论在哪一种沟道内进行生长，细胞的生长状况都非常良好，并未影响到细胞的存活率。

　　由于需要计算细胞的迁移速率，因此需要排除细胞迁移之外的一切运动因素，主要包括细胞的分裂增殖过程，如图 3-26 所示，细胞在发生分裂增殖时，首先会将自己收缩成一个球形，然后细胞开始相应的分裂，最终形成两个独立的细胞。在观察细胞迁移的过程中，会遇到细胞分裂增殖，当发现这样的一个特征时，则需要停止计算迁移的速度，排除细胞分裂过程对最后计算结果的影响。

　　为了排除细胞尺寸对于迁移结果的影响，在计算细胞的迁移速率时，将每个细胞的中心点作为位移的起始点或者终止点，以此来计算位移的距离，如图 3-27 所示，通过以上计算方法，可以排除细胞尺寸对于位移的干扰，作者选取每一个细胞的中心点作为计算点，迁移的距离与细胞的尺寸并没有任何的关系。

　　通过以上细胞迁移的计算方法，并结合细胞在蜂窝状微结构中迁移运动的实时视频，能够计算出细胞的迁移速率，如图 3-28 所示，乳腺癌细胞 MCF-7 在

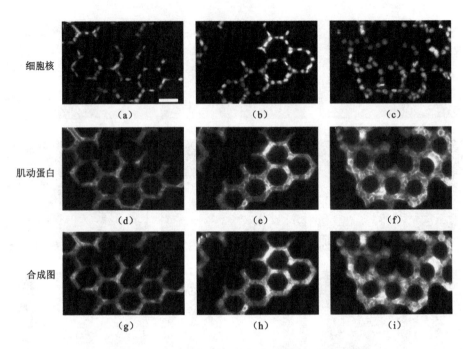

细胞核	（a）	（b）	（c）
肌动蛋白	（d）	（e）	（f）
合成图	（g）	（h）	（i）

图 3-25　细胞在不同尺寸的沟道内生长的情况

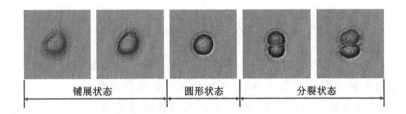

铺展状态　　　圆形状态　　　分裂状态

图 3-26　单个细胞在分裂增殖时的过程

（a）　　　　　　　　　　（b）

图 3-27　细胞迁移速度的计算

10 μm 的沟道中可以达到 17.6±2.3 μm/h 的迁移速度,并且不论是乳腺癌细胞还是宫颈癌细胞,细胞的迁移速率都是随着沟道宽度的增加而减小的,但是对于普通的细胞,如 L929 和 HEK-293 细胞,细胞的迁移速率与沟道的宽度并没有明显的联系,由图 3-28(b)可以看到,普通细胞在 30 μm 的沟道内迁移的速度要比在其他沟道内迁移得速度快。

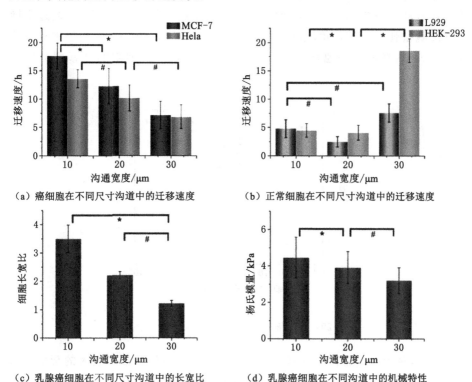

（a）癌细胞在不同尺寸沟道中的迁移速度　　　（b）正常细胞在不同尺寸沟道中的迁移速度

（c）乳腺癌细胞在不同尺寸沟道中的长宽比　　　（d）乳腺癌细胞在不同沟道中的机械特性

图 3-28　蜂窝状沟道结构对于细胞行为学的调控

　　生长在 10 μm 沟道的乳腺癌细胞,其细胞形貌发生极大的改变,由图 3-28(c)可知,细胞的长宽比接近于 3.5,而生长在 30 μm 沟道的细胞的长宽比仅仅为1.3。癌细胞在不同的沟道内改变的不仅仅是细胞的表面形貌,还有细胞的机械特性,受沟道生存空间的限制,越窄的沟道,癌细胞的杨氏模量越大,细胞的硬度也就越大。

　　研究表明,间叶细胞迁移（mesenchymal migration）和变形迁移（amoeboid migration）是细胞迁移的两种机制,而癌细胞在迁移过程中,这两种机制都有所表现[116-120]。影响细胞迁移的因素主要分为细胞内因素和外在因素,其中外在因素包括细胞的黏附以及细胞的限制条件。考虑到变形迁移主要依赖于细胞的变形,因此构建了沟道尺寸可调控的蜂窝状结构,来研究物理约束对于细胞迁移的影响。实验结果表明在相当窄的沟道内迁移时,癌细胞会改变自身的构造,尤其是细胞骨架。为了进一步验证细胞的迁移需要肌动蛋白发生聚合导致的[121,122],使用细胞松弛素对细胞进行有效的处理。细胞松弛素能够破坏肌动蛋白并起到阻止肌动蛋白聚合的作用。如图 3-29 所示,通过不同浓度细胞松弛素处理过得乳腺癌细胞和宫颈癌细胞在 20 μm 的沟道中进行迁移结果表明,当细胞松弛素的浓度达到 100 μg/mL 时,细胞的迁移就会发生停止。

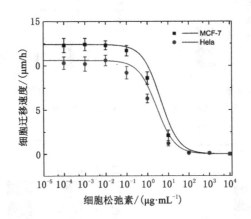

图 3-29　通过细胞松弛素调节细胞的迁移特性

此外,对于细胞迁移的研究将会给癌细胞特性的认知带来极大的帮助。通过本小节的研究,再次证明了细胞迁移运动与细胞胞内的肌动蛋白有着密不可分的联系。研究癌细胞迁移的方法有许多,例如在微玻璃管中、微流控芯片内以及伤口愈合等[123-127]。与这些方法相比,通过本书的方法,可以任意构建细胞生存的物理空间,尽管二维的平面还不足以充分模拟细胞在人体三维环境中的迁移,但是,许多细胞的迁移都是在二维结构中进行的,比如癌细胞在骨转移的过程中,细胞所面对骨小梁的结构与血管壁的结构极其相似。

为了进一步说明水凝胶微坑阵列可擦除的优势,首先利用微坑阵列制作 L929 细胞的图形,之后对微坑阵列薄膜进行擦除,再加入另一种细胞 MCF-7 进行共培养,MCF-7 细胞则会生长在 L929 细胞周围,这样便形成了两种细胞组成的异质型细胞层结构(见图 3-30)。

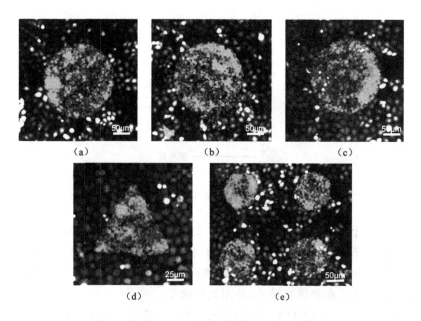

图 3-30　通过擦除微坑薄膜,制作异质型双层细胞结构

3.6　聚乙二醇二丙烯酸酯(PEGDA)特性的调控

时至今日,组织工程面临着一系列的挑战,例如更加有效地模拟胞外的环境,构建更加复杂的组织结构。因此,物理、化学乃至生物特性可控的水凝胶对于构建体外功能性的组织具有积极的推动作用。聚乙二醇二丙烯酸酯(PEG-DA)作为一种常用的水凝胶,因其自身具有良好的生物兼容性以及优异的机械特性,已经被广泛地应用于药物的运输、生物传感器和组织支架[128-132]。但是,PEGDA 的生物惰性也就是细胞不黏附表面的性质也极大地阻碍了其在组织工程中的进一步应用。因此在本章的研究之中,主要通过添加聚苯乙烯小球的方法来调控 PEGDA 的黏附特性,并控制细胞的分裂增殖速度。

3.6.1　复合水凝胶薄膜的制造(PEGDA-PS)

PEGDA-PS 复合水凝胶薄膜的制作原理是紫外光引发自由基聚合反应,将配置的 PEGDA 水凝胶预聚溶液与聚苯乙烯小球相混合,通过紫外曝光的方法使其凝固成薄膜结构(见图 3-31),具体的制作过程如下:

(1) 配置 PEGDA 预聚溶液,将 PEGDA 和光引发剂 TPO 溶解在 75% 的酒精之中,最终的浓度分别为 40% 和 0.5%。

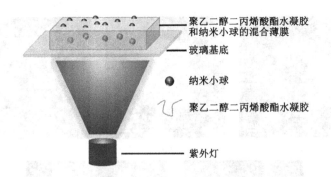

图 3-31 PEGDA 与聚苯乙烯小球的混合

（2）取 5 个离心管，分别向其中加入 2 mL 的 PEGDA 预聚溶液。

（3）将聚苯乙烯小球加入到 5 个离心管中，小球的浓度依次为 10%、20%、30%、40% 和 50%。将离心管置于超声机（40 kHz）中进行 30 min 的超声混匀。

（4）用无水乙醇清洗盖玻片，并用氮气吹干。

（5）取 0.5 mL PEGDA-PS 的复合溶液滴于盖玻片表面，通过旋涂将溶液在玻璃片表面均匀摊开。

（6）使用 LED 紫外灯进行照射 5 min。

（7）将盖玻片置于酒精中清洗未反应的溶液，如果用于培养细胞，则需要用无菌磷酸盐缓冲溶液清洗 2 次。

3.6.2 复合水凝胶薄膜表面形貌的表征

研究表明，基底表面的纳米结构对于细胞的黏附具有重要的作用[133,134]。通过添加聚苯乙烯纳米小球来改变 PEGDA 水凝胶表面的形貌，通过扫描电子显微镜拍摄包含有不同浓度小球薄膜的表面形貌，如图 3-32 所示，未加小球的薄膜表面看起来非常平整光滑，当小球的浓度达到 50% 时，薄膜表面几乎被小球所覆盖。

通过原子力显微镜对不同薄膜表面形貌进行扫描，并结合一下式（3-3），通过小球的覆盖面积与整个薄膜面积之比，可以计算小球的覆盖率。如图3-33 所示，每幅图的区域为 1 μm×1 μm。当小球的浓度达到 50% 时，复合薄膜中小球的覆盖率能够达到 80% 左右，如图 3-34 所示，随着浓度的不断增加，小球的覆盖率也随之增加。通过原子力显微镜扫描得到的三维图像可以看到，在添加小球之后，薄膜表面的形貌发生了极大的改变。

$$覆盖率(\%) = \frac{小球覆盖面积}{薄膜面积} \times 100\% \tag{3-3}$$

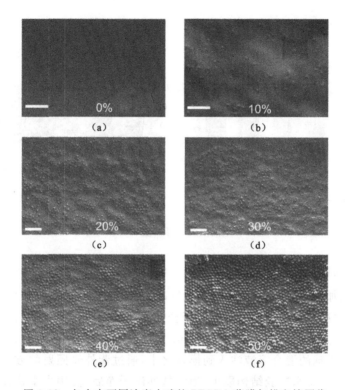

图 3-32 包含有不同浓度小球的 PEGDA 薄膜扫描电镜图像

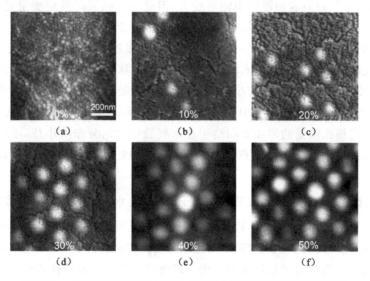

图 3-33 包含有不同浓度小球的 PEGDA 薄膜原子力显微镜图像

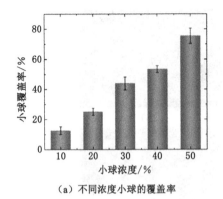
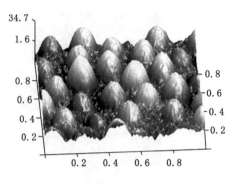

（a）不同浓度小球的覆盖率　　　　（b）30%小球浓度的原子力显微镜三维图像

图 3-34　包含有不同浓度小球的复合薄膜的小球覆盖率

3.6.3　添加聚苯乙烯小球改变水凝胶的机械特性

通过添加聚苯乙烯小球,不仅仅能够改变水凝胶复合薄膜的表面形貌,添加小球之后,水凝胶自身的机械特性能否会发生改变呢? 首先需要制作水凝胶薄膜的样本,通过雕刻机加工一个长 20 mm,宽 5 mm,深 1 mm 的模具,将水凝胶和聚苯乙烯小球的混合溶液注入到模具之中,通过紫外光照射的方法来固化水凝胶溶液,然后将水凝胶结构取出,用酒精冲洗干净后,使用力学拉伸机进行力学特性的测试。通过分析应力-应变曲线[图 3-35(b)和图 3-35(c)],随着小球浓度的增加,水凝胶薄膜的硬度也随着变大,但是在其断裂时的应变量是减小的。这间接证明了,添加小球之后,使得水凝胶内部的交联网络更加密切,这样一方面可以加强水凝胶的硬度,另一方面也减弱了水凝胶的可变形量,水凝胶的断裂应变相比较于未添加小球的水凝胶要小。通过计算可以得到水凝胶薄膜的杨氏模量,如图 3-35(e)所示,随着小球浓度的增加,水凝胶薄膜的杨氏模量也随之增加,但是当小球的浓度达到 40% 的时候,水凝胶杨氏模量的不再有明显变化。复合薄膜的杨氏模量的增加要归结于在水凝胶中均匀分布的小球,小球的表面为水凝胶的交联提供了黏附点,加强了水凝胶的交联密度,减小了聚合物链的长度。

3.6.4　添加聚苯乙烯小球改变细胞对于 PEGDA 水凝胶薄膜的黏附特性

作为一种常用的水凝胶,PEGDA 已经被广泛应用于组织工程之中。但是,纯的 PEGDA 薄膜具有生物惰性,对细胞具有天然的排斥特性,细胞不会对其表面进行黏附。假设通过添加聚苯乙烯小球改变水凝胶表面特性和机械特性来改变细胞对于 PEGDA 薄膜的黏附特性。将制作的水凝胶薄膜与小鼠的纤维细胞

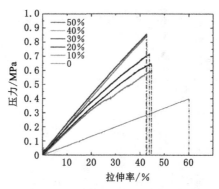

（a）利用力学拉伸机来测量水凝胶的特性　　　　（b）不同浓度小球的水凝胶的应力

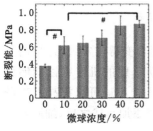
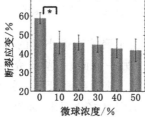
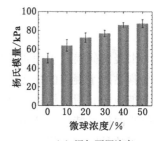

（c）随着小球浓度的增加，　　　（d）添加小球之后，　　　（e）添加不同浓度
水凝胶的断裂能也随之增加　　　　断裂应变变小　　　　小球薄膜的杨氏模量

图 3-35　添加聚苯乙烯小球对水凝胶的机械特性的调控

（L929）进行共培养，如图 3-36 所示，对于纯的 PEGDA 薄膜，细胞几乎不会在其表面黏附，细胞呈现球形的状态，其生长状况不好[图 3-36（a）（e）]。但是，小球浓度为 30％ 的时候，细胞已经开始黏附，而且部分细胞的形貌已经和正常细胞一样[图 3-36（b）（f）]。当小球的浓度达到 50％ 的时候，细胞的黏附密度进一步增加[图 3-36（c）（g）]，与生长在普通培养皿中的细胞[图 3-36（d）（h）]已经没有太大的差别。实验结果也证明了本书的假设是成立的，通过添加小球改变了细胞对于 PEGDA 薄膜的黏附特性。

　　为了进一步研究细胞的黏附密度与小球密度之间的关系，将不同的水凝胶薄膜与细胞进行共培养，经过三天的培养之后，进行相应的荧光染色，如图 3-37 所示，随着小球密度的增加，细胞的覆盖率也随之增加。研究表明，整合素是细胞与细胞以及细胞与胞外基质联系的桥梁，将胞外基质与细胞骨架有机的结合到一起。整合蛋白与可溶性生长因子受体所产生的信号一起，决定了细胞在特定环境下的生物活性，从而在许多细胞生物过程中发挥了重要作用。因此，一方

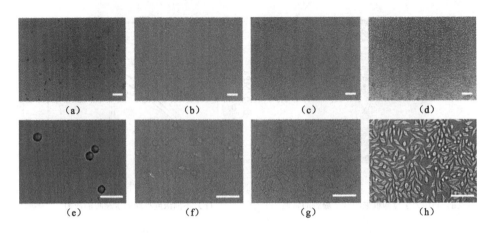

图 3-36　将复合薄膜与细胞进行共培养

面水凝胶薄膜的表面粗糙度由于聚苯乙烯小球的作用而变得非常大,这提高了细胞黏附水凝胶的能力[135]。另一方面,一些研究表明基底的机械特性能够调控细胞的黏附和铺展[130,136-138]。前面已经证明,通过添加小球可以提高水凝胶薄膜的机械特性。这两方面的因素综合起来,能够解释添加小球之后,细胞对于薄膜的黏附能力提高的结果。

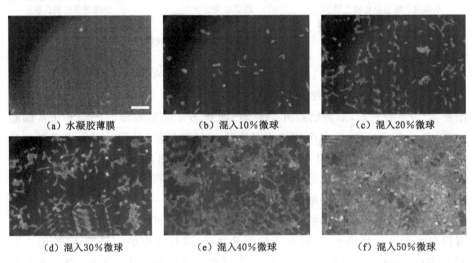

图 3-37　细胞对于多种复合水凝胶薄膜的黏附荧光图片

　　此外,在对外部的拉伸或者压缩刺激时,反映内部张力的细胞硬度也会随之增大或者减小。细胞通过整合素黏附于基底,从而架起了基底与细胞骨架的桥梁[139,140]。原子力显微镜的测量结果显示,生长在浓度为 10% 聚苯乙烯小球的复合薄膜上的细胞的杨氏模量为 0.62±0.02 kPa,而生长在浓度为 50% 小球的薄膜上的细胞的杨氏模量为 1.01±0.05 kPa,生长在培养皿上的细胞作为对照组,其杨氏模量为 1.04±0.04 kPa。基底效应对于细胞自身机械特性的影响是显著的,随着添加纳米小球浓度的增加,所形成的复合薄膜自身的硬度也会变得很大,那么作为细胞生长的基底,会对细胞自身的机械特性产生相应的影响(见图 3-38)。

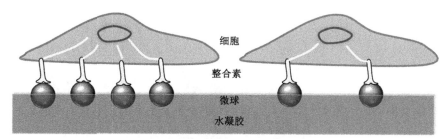

(a) 添加微球后细胞粘附于复合薄膜表面

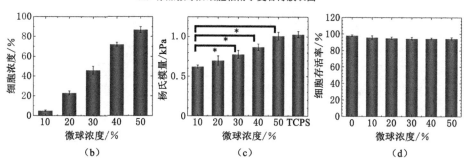

图 3-38　添加微球对于细胞机械特性以及增殖特性的影响

3.7　小　　结

　　在本章中,首先对 PEG 水凝胶的生物特性进行了相应的分析,并利用细胞对于水凝胶表面不黏附的特性来进行一维单细胞和二维群体细胞图形化的实现,并研究了图形化对于单细胞机械特性以及分裂增殖的影响。为了进一步研究乳腺癌细胞的生长特性,通过构建胞外环境,不仅实现了对乳腺癌细胞表面形貌的调控,而且也调节了细胞的机械特性。借助于水凝胶微结构将细胞限制在特性的区域中进行生长,通过显微镜进行原位的观察得到了癌细胞的增殖特性。由于癌细胞在人体内可以通过血管发生迁移,为了模拟癌细胞在不同尺寸的血管内的迁移情况,构建了蜂窝状的微结构,研究了癌细胞与普通细胞在沟道内迁移的特性。通过对水凝胶薄膜的物理擦除,构建了二维平面的异质型双层细胞结构。为了解决细胞在 PEG 水凝胶表面不黏附的特性,通过在水凝胶中添加聚苯乙烯小球,改变了水凝胶薄膜的粗糙度和硬度,从而使得细胞能够在水凝胶表面进行相应的黏附;通过改变小球的浓度,还可以调节黏附细胞的机械特性。通过水凝胶微结构构建胞外的环境,为细胞生物学和组织工程学提供了有力的研究工具。

第4章　基于微坑阵列的三维细胞球状体模型建立及药物筛选

4.1　引　　言

细胞是人体的基本组成单元,也是药物作用的主要对象,对于细胞的研究能够给细胞行为学和药物筛选带来极大的帮助。本章主要内容属是通过构建不同尺度和形状的微坑阵列,来实现对于三维球状体的细胞模型的构建,并进行相应的细胞分析。细胞球状体作为一种体外三维模型展现出了良好的耐药性,为了更加真实地模拟人体的环境,本章通过将光诱导水凝胶技术与微流控技术相结合,制作了复合异质型细胞球状体,并进行组合药物筛选。

4.2　三维微坑阵列的制作

前面已介绍了利用光诱导水凝胶制造系统,水凝胶微结构的制作过程是无需物理掩模板并且具有良好的灵活性。利用本套系统除了可以制作凸起状的水凝胶微结构[图 4-1(b)]之外,也可以制作微坑阵列结构并应用于生物医药领域。由于水凝胶微结构与玻璃基底可以通过物理方法进行剥离,因此,可以制作单细胞不同形状的阵列图形化,待单细胞长成特定的结构后,将水凝胶薄膜去除,来研究形状对于单细胞生长特性的影响。通过以上方法来制作各种形状的水凝胶微坑结构,每个微坑的尺寸为 $15~\mu m$,深度为 $20~\mu m$,这样的设计是为了保证被消化后变为球形状的细胞能够刚好落在微坑之中,并且每个微坑之中又恰好容纳单个细胞。微坑形状跟尺寸可以通过数字微镜阵列进行实时调控。

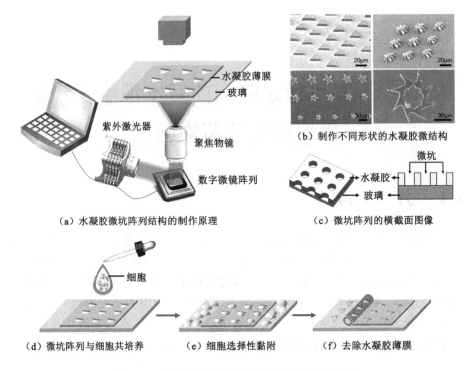

图 4-1　制作微坑阵列以及单细胞分析的示意图

4.3　三维细胞球状体的高通量制作

作为生物惰性的材料,PEGDA 薄膜在限制细胞生长方面起到了至关重要的作用。当细胞落入微坑之后,细胞则会开始黏附于微坑的基底并分裂增殖,直至覆盖满微坑的基底。但是,细胞不会停止生长,反而会继续分裂增殖形成细胞的球状体。如图 4-2 所示,通过设计不同尺寸的微坑阵列,从而实现不同尺寸的细胞球状体的构建。与之对应的扫描电镜图像和明场图像如图 4-3 和图 4-4 所示。

L929 细胞和 MCF-7 细胞生长过程的扫描电镜图像如图 4-5 所示,对于两种细胞来说,球状体的直径随着培养时间的增加而增大,但是,MCF-7 细胞球状体的生长速度要明显大于 L929 细胞的生长速度,这也进一步反映了癌细胞的无限增殖的内在特性。同时,通过实时观察细胞球状体生长过程,记录了两种不同的细胞在第一次分裂时的时间,对于两种细胞来说,其第一次分裂时间差距是很大的,而对于同一种细胞来讲,第一次分裂时间更是从 5 h 到 55 h 的分布,其

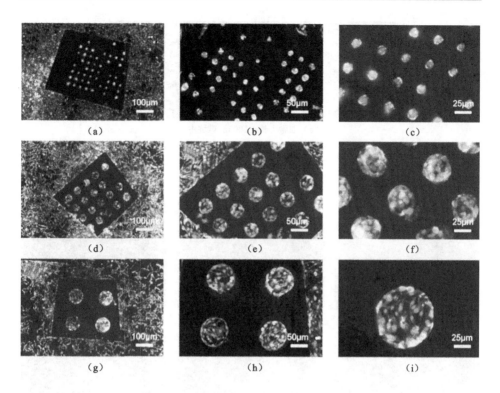

图 4-2　不同尺寸的细胞球状体的荧光图像

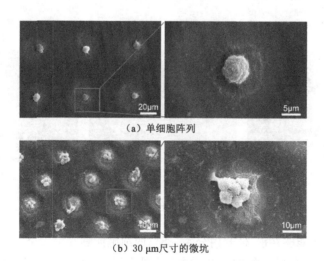

（a）单细胞阵列

（b）30 μm尺寸的微坑

图 4-3　生长在不同尺寸微坑的细胞扫描电镜图像

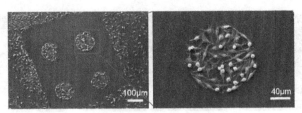

（c）细胞生长在100 μm微坑中

图 4-3（续）

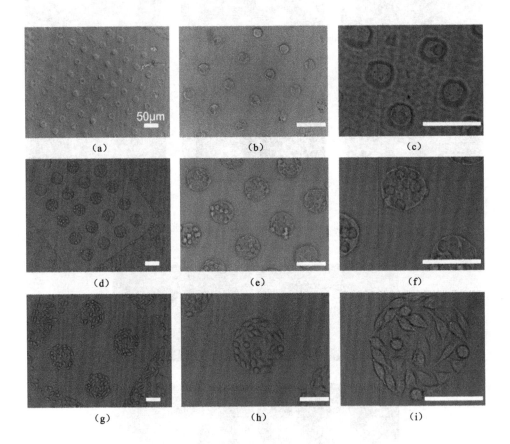

图 4-4　生长在不同尺寸微坑中细胞的明场图像

中 68% 的细胞能够在前 24 h 内分裂，28% 的细胞能够在第二个 24 h 内分裂，此外有 3% 的细胞在第三个 24 h 内分裂[见图 4-5（c）]，这也进一步验证了细胞的异质型。同时，作者也研究了微坑的大小与落入微坑的细胞数目之间的关系，如

图 4-5(d)所示,当微坑的直径为 20 μm 时,单细胞占据微坑的概率超过 70％
(L929:72％和 MCF-7:79％)。

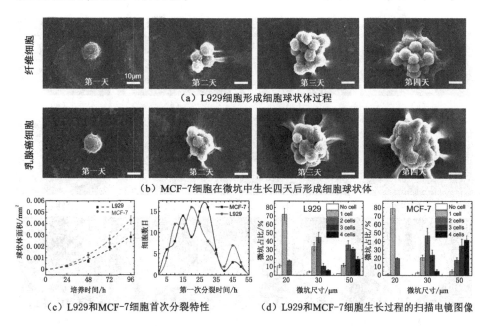

图 4-5　L929 细胞和 MCF-7 细胞生长过程的扫描电镜图像

4.4　三维细胞球状体应用于药物筛选

　　通过微坑阵列来制作乳腺癌细胞球状体阵列[见图 4-6(a)、(b)],三维球状体
与二维平面的细胞不论是从形貌上还是单位面积细胞数量上都有很大的区别。
通过测量细胞核之间的距离[见图 4-6(n)],球状体中核与核之间的距离明显要比
二维平面上核与核之间的距离小,这也进一步说明了细胞与细胞之间的联系更为
密切。之后,使用盐酸阿霉素对乳腺癌细胞的球状体与二维平面细胞进行相应的
药物筛选,盐酸阿霉素是一种非常有效杀死癌细胞的药物[141,142],分别使用浓度为
0 $\mu g/mL$,1 $\mu g/mL$,100 $\mu g/mL$ 和 1 000 $\mu g/mL$ 对乳腺癌细胞球状体进行处理,通
过活死细胞的荧光染色图[见图 4-16(i)～(l)]能够看到,随着盐酸阿霉素浓度的增
加,细胞的存活率也随之降低,对于二维平面细胞施加100 $\mu g/mL$ 的盐酸阿霉素
时,细胞的存活率要明显比三维球状体的存活率低。如图 4-6(o)所示,IC50 代表
能够杀死一半细胞的药物浓度,三维球状体的 IC50 浓度为 100 $\mu g/mL$,与之对应
的二维平面细胞的 IC50 的药物浓度为 10 $\mu g/mL$,通过对比可以发现,三维球状体

的耐药性比二维平面细胞的耐药性整整提升了一个数量级。此外,细胞球状体的耐药性也随着球状体体积的增加而增加[见图 4-6(p)]。

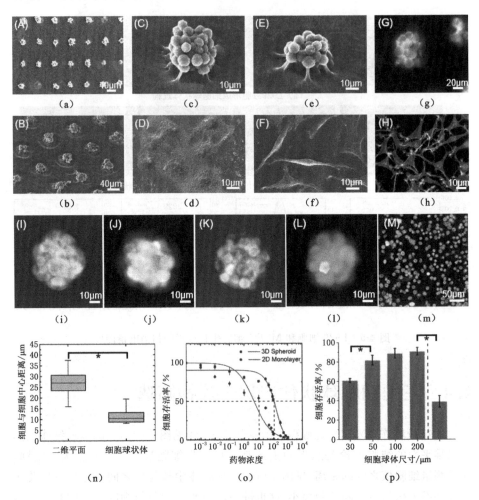

图 4-6　三维球状体与二维平面细胞在药物筛选方面的差异性

三维球状体之所以能够展现出良好的耐药性,主要有两方面的原因:一是细胞之间的联系更加密切,由图 4-6(c)和(d)可见,二维平面的细胞 50% 的面积是与培养皿的基底接触的,49% 的面积是与上层溶液接触的,剩下 1% 的面积才与周围的细胞有所接触。但是,对于三维球状体来说,尤其是球状体内部的细胞,细胞几乎 100% 的面积是与其他细胞接触,就算是生长在球状体外围的细胞,也有至少 50% 的面积与细胞相接处,通过计算细胞与细胞的核间距离(4~6 nm),

球状体的核间距离明显要比二维平面细胞的核间距离要小,这也进一步说明了细胞与细胞之间的联系是非常的密切的,而正是这样的密切联系也增强了细胞对于药物的耐药性[143]。二是三维球状体在单位有效面积上细胞的数目明显高于二维平面细胞。综合这两方面的因素,三维细胞球状展现出了非常好的耐药性,这也为体外药物筛选提供了一种可靠的有效模型,相比于传统的二维平面细胞所筛选出来的药物更具有可靠性。

4.5 三维复合细胞球状体的构建

前面作者通过构建细胞球状体来进行药物筛选,但是要知道,细胞是具有异质型的,组织的构成也非常的复杂,以肿瘤组织为例,肿瘤组织不仅仅是由单一的癌细胞构成,其组织中还包括纤维细胞和巨噬细胞等基质细胞。因此,只有构建复合的肿瘤组织,才能更加真实的模拟人体的环境。

为此,这里将微坑阵列的制作系统与微流控系统结合,实现了在微流控芯片之内微坑的实时制作,微流控管道在整个系统之中发挥了微混合器和运输的作用。首先向微流控芯片内通入水凝胶溶液,待生长成微坑结构后,通入磷酸盐缓冲溶液进行清洗;然后通入两种不同的细胞的混合液,使其长成细胞的球状体;最后通入两种不同的药物,进行组合药物筛选(见图 4-7)。

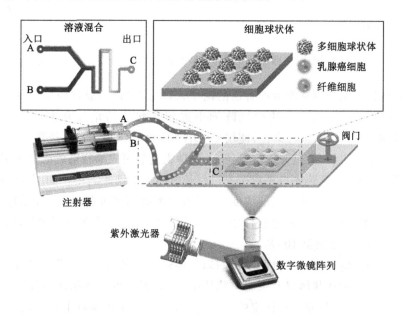

图 4-7 复合球状体构建的系统示意图

首先对微流控管道进行相应的仿真，由于微流控管道在本实验中不仅仅起到运输的作用，还起到药物混合器的作用，因此，需要对管道的混合能力进行相应的仿真，通过 Comsol 软件的仿真结果可以看到，在溶液到达出口的地方，两种溶液能够完全混合。通过仿真结果显示，两种混合溶液的浓度需要低于 2.5×10^4 时才能在抵达出口处完全混合（见图 4-8）。

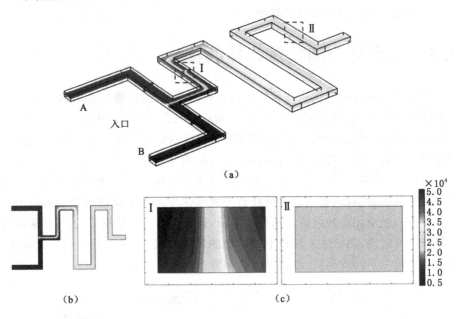

图 4-8　微流控管道作为微混合器的浓度场仿真

将两种细胞分别从微流控管道的两个入口之中通入，通过调节通入细胞的浓度，并在微流控芯片中的微坑阵列中进行球状体的培养和制造。首先对 MCF-7 和 L929 细胞进行染色，使用 CFDA-SE 对 MCF-7 染色，并发绿色荧光，使用 DiI 对于 L929 染色并发红色荧光，两种染色剂完成细胞染色后对于细胞的活性没有影响，并且荧光染色后荧光可以长时间存于细胞之中。如图 4-9 所示，通过调节微流控输入端细胞的浓度，最后可以形成两种细胞不同比例的复合球状体结构，图 4-9(a)～(h)球状体中 MCF-7 的比例由 100% 减小到 0%，L929 细胞的比例有 0% 增加至 100%。

通过扫描电子显微镜对所制作的球状体进行表征，可以看到这里可以制作不同尺度的细胞球状体以及细胞球状体的阵列，通过单个球状体的放大图能够看到，球状体对于基底具有锚定的作用（见图 4-10），球状体对于基底是黏附，相比较于悬滴法[144]、声波法[145]等形成的球状体是悬浮于溶液之中的，当有液体

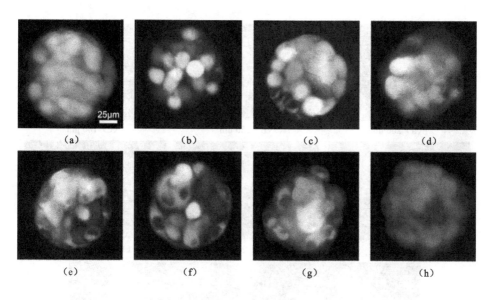

图 4-9　球状体培养

流动或者进行换液的时候,无法做到对球状体的原位观察和分析。在后续的研究之中,需要通过微流控管道向芯片内输送药物,因此,黏附于基底的球状体不会受到液体流动的影响。

4.6　单一球状体和复合球状体的药物筛选

通过将微流控技术与光诱导微坑制作技术相结合,制作了不同尺寸的细胞球状体和两种系统的异质型细胞球状体,并且细胞球状体对于基底具有锚定现象,便于进行原位观察和药物筛选。接下来就需要对所制作的球状体进行相应的药物筛选实验。首先,使用紫杉醇和盐酸阿霉素两种药物对乳腺癌细胞(MCF-7)和小鼠纤维细胞(L929)的球状体进行单一药物筛选的工作,两种药物的浓度分别为 10^{-3} $\mu g/mL$、10^{-2} $\mu g/mL$、10^{-1} $\mu g/mL$、1 $\mu g/mL$、10 $\mu g/mL$、30 $\mu g/mL$、50 $\mu g/mL$、70 $\mu g/mL$、90 $\mu g/mL$、100 $\mu g/mL$、300 $\mu g/mL$、500 $\mu g/mL$、700 $\mu g/mL$、1 000 $\mu g/mL$。将药物输入到微流控芯片之内,与细胞球状体共培养 24 h,然后进行细胞的活死染色,通过活死染色后的荧光图像可以看到药物作用之后细胞球状体中细胞的存活情况(见图 4-11),绿色荧光代表细胞存活,红色荧光代表细胞死亡。通过对于细胞活死染色的统计,对于MCF-7细胞球状体,两种药物都具有相当好的作用效果。相对而言,盐酸阿霉

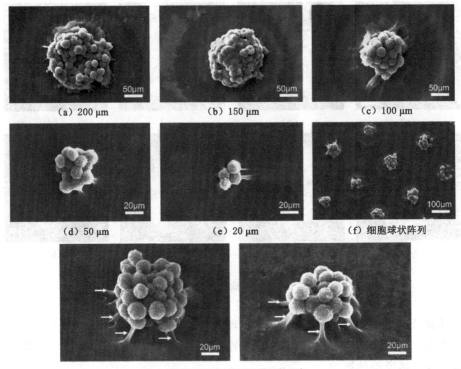

(a) 200 μm   (b) 150 μm   (c) 100 μm

(d) 50 μm   (e) 20 μm   (f) 细胞球状阵列

(g) 细胞球状体的锚定于基地的现象

图 4-10　不同尺寸的 MCF-7 球状体

素对于细胞球状体的杀死效果更好,盐酸阿霉素的 IC50(凋亡细胞与全部细胞
数之比等于 50％时所对应的浓度)的值要比紫杉醇的值要小一个数量级,同时,
也反映了乳腺癌球状体对于盐酸阿霉素的药物敏感性要高很多(见图 4-12)。
此外,使用两种药物对于 L929 细胞球状体进行药物筛选,通过实验结果可知,
L929 细胞球状体对于紫杉醇的药物敏感性要比盐酸阿霉素的高,但是对于两种
药物的 IC50 并没有太大的区别。虽然 L929 细胞并不是癌细胞,但是两种抗癌
药物盐酸阿霉素和紫杉醇对其均具有杀伤性。

　　通过实验可以得到,两种细胞球状体对于盐酸阿霉素和紫杉醇展现出了不
一样的药物敏感性,随着药物浓度的增加,细胞的死亡率也就越高。接下来,通
过微流控管道将两种药物进行相应的组合,然后作用于细胞球状体。首先将紫
杉醇与盐酸阿霉素进行两种比例的混合,混合后的浓度分别为:紫杉醇
10 μg/mL、盐酸阿霉素 40 μg/mL 和紫杉醇 40 μg/mL、盐酸阿霉素 10 μg/mL。
将这两种混合药物分别通入到微流控芯片之内并作用于乳腺癌细胞球状体,观

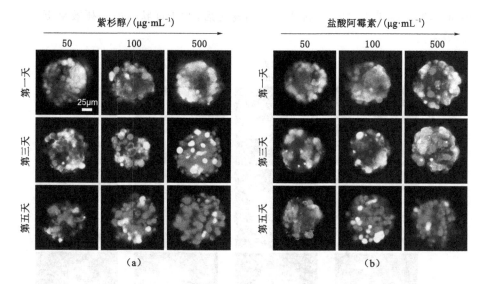

图 4-11　分别利用盐酸阿霉素(a)和紫杉醇(b)
对于 MCF-7 球状体进行药物筛选

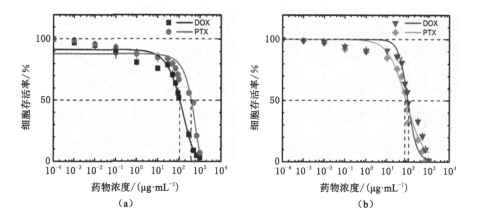

图 4-12　分别运用盐酸阿霉素和紫杉醇对 MCF-7 和 L929 的细胞球状体进行药物筛选

察对于细胞球状体的药物作用,并与施加单一药物的细胞球状体做相应的对比,通过图 4-13 可见,加入组合药物之后,细胞的存活率明显降低,对于乳腺癌细胞,当组合药物的浓度为:紫杉醇 10 μg/mL、盐酸阿霉素 40 μg/mL 时,MCF-7 细胞七天后的存活率仅为 10.6%,针对细胞球状体药物的效果要比其他三种药物组合作用要好。此外,将相同浓度的药物以及组合药物施加于纤维细胞球状体,对于紫杉醇 40 μg/mL、盐酸阿霉素 10 μg/mL 时,七天后的存活率为

20.6%,实验结果再次表明,加入组合药物之后,对于球状体的杀死效果更加明显,效果更好。

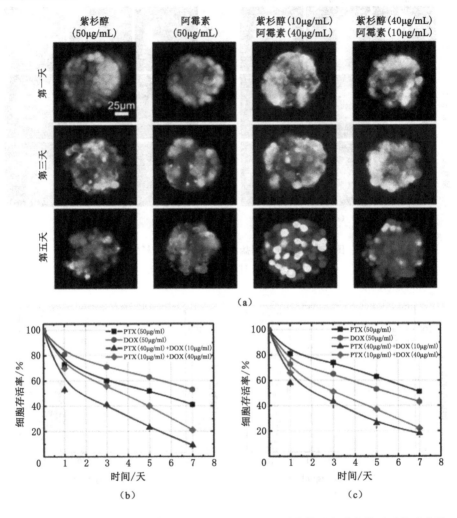

图 4-13　使用单一药物和组合药物对 MCF-7 和 L929 球状体进行药物筛选及其耐药性

前面通过实验证明利用微流控管道的混合作用可以制作两种不同细胞按照不同比例混合的细胞球状体,在通过制作乳腺癌细胞和纤维细胞混合到一起的细胞球状体用于药物筛选,两种细胞的比例为 1∶1,施加不同浓度的盐酸阿霉素,并与单一乳腺癌细胞球状体进行相应的比较,通过实验结果比较可知(见图 4-14),复合异质型细胞球状体的耐药性要比单一细胞的球状体的耐药性大。如图 4-14(c)所示,对于施加相同浓度的盐酸阿霉素,随着作用时间的延长,细胞的存活率逐渐下降，当施加 500 μg/mL 的盐酸阿霉素时，经过 5 天的作用时间，两种球状体几乎全部死亡。复合异质型的细胞球状体之所以能够表现出较高的耐药性，这要是因为纤维细胞与癌细胞在生长过程中相互作用，纤维细胞可以分泌相关的生长因子，促进癌细胞的生长以及相互作用，与此同时，整个复合型细胞球状体的耐药性也会相应的增加。

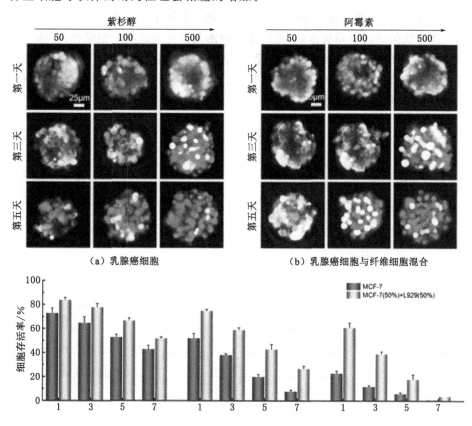

图 4-14　不同浓度的盐酸阿霉素作用于细胞球状体实验结果对比

4.7　小　　结

在本章的研究中，通过光诱导水凝胶制造系统制作不同形状和不同尺寸的微坑阵列，利用微坑阵列实现了三维球状体细胞模型的构建。细胞在微坑中生长时,会通过自组装和分裂增殖形成三维球状体。同时对球状体和二维平面细胞进行药物测试,结果表明三维球状体要比二维平面细胞的耐药性强,这也表明三维球状体可以作为简单的体外三维模型进行药物筛选。但是人体的组织并不是由单一的细胞构成的,因此通过与微流控相结合,制作复合异质型的球状体,并进行了组合药物筛选,复合异质型球状体的耐药性要明显比单一细胞球状体耐药性大,并且两种药物组合的效果更加有效。通过本章的研究,建立了基于细胞三维球状体的药物筛选体系,将微流控技术与微坑制造技术相结合,在体外可以实现单一细胞球状体和复合异质型细胞球状体的构建,并且不仅可以用来进行单一药物筛选实验,也可以用来进行组合药物筛选,为研究细胞行为学和体外药物筛选提供有力的保障。

第5章 微组织结构的高通量制造和
三维模块化组装

5.1 引 言

生物医药领域不同于传统的制造业,其操作对象从结构化的零部件变为非结构化的活体细胞,操作环境也由常态大气变为生理液态环境,这对机器人技术的感知、驱动和控制提出了诸多挑战。在新药研发过程中,药物的毒性和耐药性测试是至关重要的一步,现有的单细胞模型存在药效准确率低、毒性检测效果差等问题,其主要原因是单个细胞乃至二维平面细胞难以精确模拟人体环境所导致的结果。针对上述问题,面对药物筛选对人体微组织环境的需求,本章的研究提出了微小组织的在线制造和机器人同步装配策略(organ real-time assembly on chip),通过此方法能够根据需求在线制造不同种类的三维细胞微组织,并能同时采用微纳机器人技术进行在线组装,进而形成类人体生理环境的多细胞复杂组织连接体,为类人体生理环境的体外模拟提供了可行解决方案。此外,整个过程采用机器人自动化方法实现,因而具备良好的可重复性和稳定性,从而保证了类人体生理构建的一致性,为未来组织再生和个性化药物筛选奠定了基础。

5.2 动态掩模光流控与光诱导介电泳系统的集成

在第一章中已经介绍了笔者自主搭建的基于数字微镜阵列的光诱导水凝胶制造系统,利用本套系统可以快速制作水凝胶的微结构。在这里将微流控系统与水凝胶制造系统进行有机的结合,形成了光流控系统。并且通过微流控管道,将光流控系统与光诱导介电泳系统进行连接,最终形成了集制造与组装于一体的多功能平台。

本套系统中水凝微结构的操作部分是通过光诱导介电泳技术实现的,光诱导介电泳芯片是在导电玻璃表面镀一层氢化非晶硅薄膜,而氢化非晶硅对于光照是非常敏感的,当有光照照射到氢化非晶硅表面时,被照射区域的导电性会急剧变大,此时,氢化非晶硅可以作为虚拟电极,如果在上下极板之间施加电场,光照的图形部分就会产生非均匀的电场,从而产生介电泳力,虚拟电极可以通过投影仪的投影图形来控制,充分体现了系统灵活性好的优点[146]。

整个系统的原理图如图 5-1 所示,通过注射器将配置好的水凝胶溶液通过微流控管道注入到光流控系统的加工区域,待溶液静止之后,开启数字微镜阵列与紫外光源,使用设计好的图形进行紫外曝光,从而在加工区域制作相应的水凝胶的微结构,这时再次开启注射泵,将水凝胶微结构从加工区域中运输到光诱导介电泳芯片内进行后续的操作和组装。

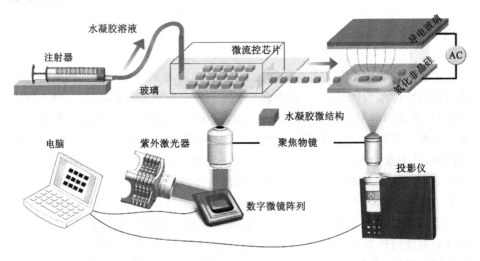

图 5-1　动态掩模光流控与光诱导介电泳系统的集成

整个实现需要提前制作微流控芯片以及光诱导介电泳芯片,具体过程如下所示:

微流控芯片的制作:

(1) 使用 Solidworks 软件设计相应的模板图形。

(2) 将设计好的图形导入到雕刻机中,在树脂片上雕刻出特定图形的模板。

(3) 配置好 PDMS 溶液浇筑到图形模板中,并将模板置于真空器内抽真空,去除掉溶液中的气泡。

(4) 将去除掉气泡的溶液,置于烤箱内,75 ℃处理 6 h,使得 PDMS 固化。

(5) 利用同样的方法,制作 2 mm 厚的 PDMS 薄膜层。

(6) 将所制作的 PDMS 图形薄膜与 2 mm 厚的薄膜一块放到等离子体处理仪中,进行等离子处理 5 min,然后将两片薄膜进行键合。

(7) 键合完成后,利用打孔器对微流控的管道处进行打孔,并插入相应的导管。

光诱导介电泳芯片的制作:

（1）制作光诱导介电泳芯片之前，首先要用万用电表检测 ITO 导电玻璃的导电面，并做好标记。

（2）将双面胶剪成 3 mm 宽的长条状，一面粘在 ITO 导电玻璃导电面，另一面粘在氢化非晶硅面，把光诱导介电泳芯片分成 5 个沟道。

（3）使用导电双面胶将导线分别粘在 ITO 导电玻璃的导电面和氢化非晶硅面，并将导线连接在信号发生器上。

（4）利用移液管在沟道的一端滴加水凝胶溶液，溶液会在毛细力的作用下填充满整个沟道。

5.3 微结构的制作及其收集过程

水凝胶微结构在 PDMS 为材料的微流控芯片内进行制造，其基本原理在第二章中已经介绍了，是在外光引发的自由基聚合反应，在这个反应过程中，自由基起到主导作用，是整个反应的起始点和引发点。但是，相比于 PEGDA 单体，自由基更易与氧气相结合，在第二章中也做了相关的分析，可以说，氧气的存在会阻止水凝胶聚合反应的发生。PDMS 是一种极易透过氧气的材料[147]，如图 5-2 所示，在 PDMS 表面会形成一层氧气薄膜，当紫外光透过 PDMS 薄膜照射到芯片内的水凝胶溶液时，水凝胶会在芯片内发生固化，但是由于氧气的阻聚作

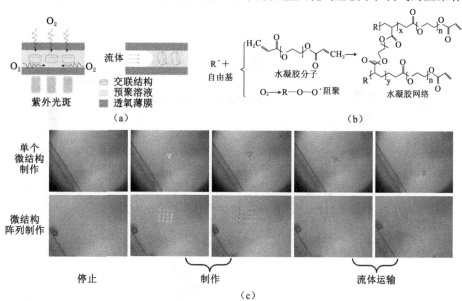

图 5-2 基于光流控系统高通量制作微结构的过程

用,在 PDMS 表面的水凝胶不会发生聚合反应,从而使得水凝胶不黏附于基底,而是悬浮于水凝胶溶液中。因此,当微流控芯片内通入流动的液体时,固化后的微结构则会被运输走。

水凝胶微结构在微流控芯片内的制作及运输过程如图 5-2c 所示,注射泵将水凝胶溶液注入到微流控芯片内,待溶液静止后,打开紫外光进行微结构的制作,微结构固化成型后,打开注射泵,通入水凝胶溶液,并将微结构运输到下一个工作点。那么根据水凝胶微结构的制作和运输过程,可以通过以下式来计算水凝胶微结构的合成率:

$$\text{Synthesis rate} = \frac{n_{\text{p}}}{t_{\text{p}} + t_{\text{f}} + t_{\text{s}}} \tag{5-1}$$

其中,n_{p} 为单次曝光所产生的水凝胶微结构的数目;t_{p}水凝胶聚合时间;t_{f}水凝胶微结构被运输走的时间;t_{s}液体流静止的时间。假设制作尺寸为 50 μm 的微结构,那么一次曝光时间所能制作微结构的数目为 100 个,水凝胶聚合时间为 0.5 s,运输时间为 1 s,液体静止时间为 2 s,因此可以计算出在一个小时的时间内的制作结构的数量约为 10 万个。

为了研究微流控芯片的各个腔体内液体的流速,笔者通过使用 Comsol 软件,对所设计的微流控管道进行了相应的仿真,如图 5-3 所示,微结构在制造腔

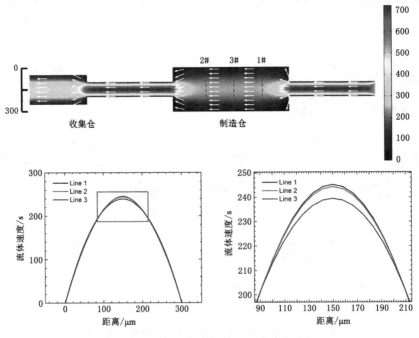

图 5-3 微流控芯片液体流速的仿真与分析

体内完成固化,之后通入液体将其运到收集腔体。

5.4　微结构的表征

　　在微流控芯片内制作水凝胶微结构的阵列制作之前,在 PEGDA 的水凝胶预聚溶液中添加罗丹明-B(在紫外光的照射下能够呈现橙红色),结构制作完成后在微流控芯片内通入去离子水,除去未固化的溶液,并对微结构进行清洗,然后在荧光显微镜下观察。如图 5-4(a)所示,微结构在尺寸上具有良好的均一性,所制作的微结构尺寸最小可以达到 20 μm[见图 5-4(b)],通过对单个微结构的荧光强度分析,如图 5-4(e)所示,在荧光图像上随机的选取 5 条直线,统计 5 条直线上的荧光强度,并经过归一化处理,由图 5-4(f)能够看到,三角形水凝胶结构区域的荧光强度分布均匀,与其他区域的对比非常明显,边缘也非常锐利。通

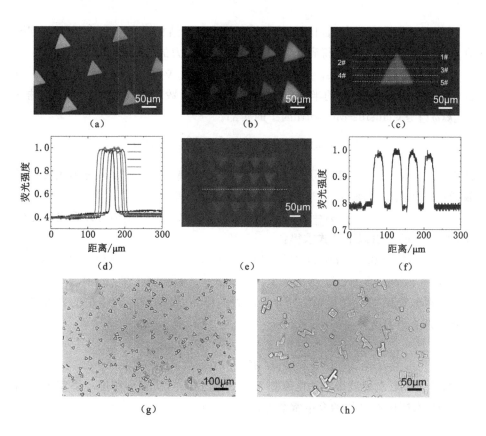

图 5-4　将罗丹明-B 与水凝溶液均匀混合来制作水凝胶微结构并进行表征

过制作三角形阵列结构,来研究阵列结构的均一性,通过荧光强度检测可知,单次曝光制作的三角形结构阵列中的每个结构具有良好的均一性,不同结构的荧光强度也并未有太大的差别。

该研究表明,在微流控芯片中加工的水凝胶微结构不论是单个微结构还是微结构阵列,具有良好的物理均一性。此外,通过添加罗丹明-B进行荧光成像和强度分析,所制作结构的各处荧光强度几乎一致,这也间接证明了在结构的制作过程中,其内部的化学成分也是均一的。此外,通过微流控芯片的制作和收集功能,能够批量地制作水凝胶的微结构,如图 5-4(g)和(h)所示,在微流控的收集腔内收集的水凝胶微结构,这是微结构可以通过微流控转移到光诱导介电泳芯片中进行后续的操作。

5.5 "饼形"水凝胶微结构极化模型的建立

受到极化模型的限制,作者对饼形的水凝胶微结构进行了相应的建模与仿真,由介电泳的知识可以得到水凝胶微结构所受的力的大小为[148,149]:

$$F_{\text{DEP}} = 2\pi a_1 a_2 a_3 \varepsilon_{\text{m}} \text{Re}[k(\omega)] \nabla E^2 \tag{5-2}$$

其中,a_1,a_2,a_3 为微结构的半径;ε_{m} 为溶液的介电常数;E 为电场强度的均方根;$\text{Re}[k(\omega)]$ 是 Clausius-Mossotti 因子的实部。

$$\text{Re}[k(\omega)] = \text{Re}\left[\frac{\varepsilon_{\text{p}}^* - \varepsilon_{\text{m}}^*}{3(\varepsilon_{\text{p}}^* - \varepsilon_{\text{m}}^*)A_{\text{j}} + 3\varepsilon_{\text{m}}^*}\right] \tag{5-3}$$

式中,$\varepsilon^* = \varepsilon - \text{j}\sigma/\omega$,$\sigma$ 和 ε 分别为介电常数和电导率;下标 p 和 m 分别代表水凝胶微结构和液体介质,$\omega = 2\pi f$,f 为施加的电场频率。

由图 5-4 可知,$a_1 = a_2 = 15$ μm 和 $a_3 = 5$ μm,水凝胶微结构可以看成单壳模型,那么 A_{j} 的值由以下公式求得:

$$A_{\text{j}} = 0.5(e^2 \arctan (e^2 - 1)^{0.5} - (e^2 - 1)^{0.5}) / (e^2 - 1)^{1.5} \tag{5-4}$$

其中,$a_1 = a_2 > a_3$,$e = a_1/a_2 = 3$。

水凝胶微结构会受到光诱导介电泳力的作用,微结构在液体中的力可以用斯托克斯方程来表示:

$$F_{\text{d}} = f_{\text{r}} \nu \tag{5-5}$$

$$f_{\text{r}} = 32/(3\eta a_1) \tag{5-6}$$

其中,f_{r} 为饼形水凝胶微结构的摩擦系数;η 为液体的动态黏滞度。去离子水和 PEGDA 水凝胶微结构的介电常数如表 5-1 所示。

表 5-1　去离子水和 PEGDA 水凝胶微结构的介电常数

类型	ε	σ
去离子水[150]	7.08e−10	1e−4
PEGDA 微结构[151,152]	8.85e−11	5.5e−5

　　电场平方的梯度的 x 分量的截面分布可以用软件 Multiphysics Comsol 来进行求解和计算,在这个例子中,环形光斑作为虚拟电极,施加的电压值为 20 V,频率为 30 kHz。电场的强度沿着垂直方向急剧下降,并且在光照区域达到最大值[见图 5-5(c)]。并且通过计算会发现 Clausius-Mossotti 因子的实部 $\mathrm{Re}[k(\omega)]$ 在不同频率的情况下均为负值,那么根据 DEP 力的计算公式可以得到这个力也是负的,也就是说水凝胶微结构在 DEP 力的作用下是排斥力。如图 5-6 所示,利用直线光斑作为虚拟电极,来对水凝胶微结构进行操作,会发现水凝胶微结构受到的是排斥力的作用。

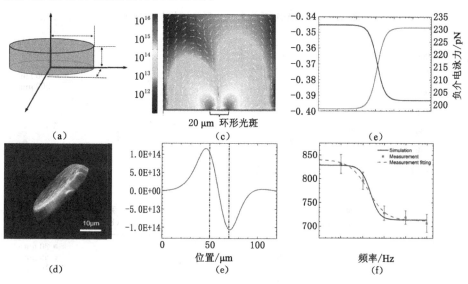

图 5-5　"饼形"水凝胶结构的极化模型

　　由最大介电泳力引起的微结构的运动速度可以通过公式计算得到,如图 5-5(f)中的实线所示,可以通过软件计算得到饼形水凝胶微结构在介电泳力的作用下产生的运动速度,并且通过实验来对水凝胶微结构的最大速度做出统计,如图 5-5(f)中的点跟虚线所示,所测的微结构的运动速度跟仿真结果非常的相似。此外,还研究了不同水凝胶微结构在芯片内所受到的最大速度,如图 5-7 所示,对于同一种形状的微结构,微结构的尺寸越大,在芯片内运动的

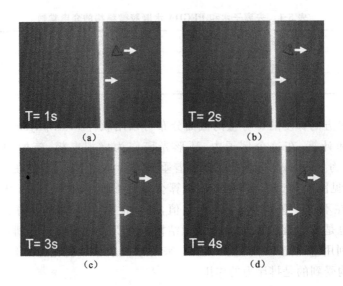

图 5-6 直线光斑对单个三角形微结构的排斥现象

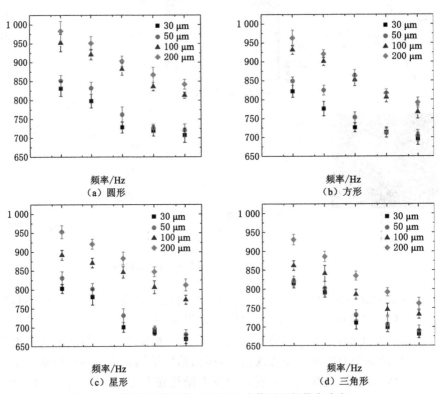

图 5-7 不同形状微结构在 ODEP 力作用下得最大速度

最大速度也越大,但对于不同形状的微结构,通过比较可以看到,圆形的微结构的速度是最大的,这主要是因为,微结构在溶液中运动,还受到液体的阻力,而圆形的结构在溶液运动的过程中所受到的阻力要比其他的形状的小,从而运动速度也要快一些。

5.6　水凝胶微结构的操作

　　为了验证利用光斑可以将任意形状的水凝胶微结构运输到指定的位置,首先通过操作单个星形结构来实现,前面通过仿真和实验已经证明水凝胶微结构所受的光诱导介电泳力是负的,也就是光斑对微结构具有排斥作用。在施加 20 V 电压和 30 kHz 的作用下,光斑操作水凝胶的微结构沿着矩形的路线运动一周(见图 5-8)。结果表明,光斑所产生的光诱导介电泳力足以驱动水凝胶微结构。完成单个水凝胶微结构的操作之后,为了验证整个系统的性能,在光诱导介电泳芯片内通入多个三角形的微结构,通过光斑的操作和固定作用,将微结构排列成一条直线。如图 5-9 所示,首先使用单个圆环光斑捕捉微结构,待微结构移动到目标地点时,光斑固定不再移动,利用新的圆环光斑捕捉另一个微结构,以此类推,将微结构排列成一条直线。

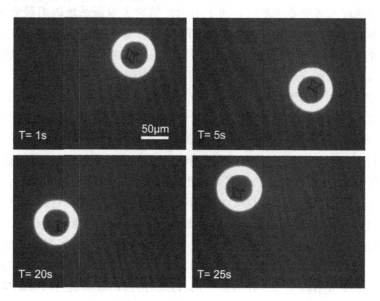

图 5-8　利用圆环形光斑操作星形水凝胶微结构沿着矩形的路径行走

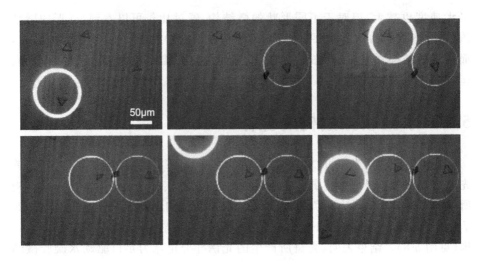

图 5-9   通过圆环形光斑对多个水凝胶微结构进行操作

5.7   微结构的组装以及"俄罗斯方块"的实现

首先通过光诱导芯片来组装两个不同的结构来验证系统的组装效果,如图 5-10 所示,分别在微流控芯片内加工了凹型和凸型水凝胶微结构,利用光斑在光诱导介电泳芯片内进行两个结构的组装。通过结果可以看到,可以将两个微结构有效的组装到一起,也进一步验证了系统用于组装的可行性。

在完成两个不同形状微结构的组装之后,通过制作多个不同形状的微结构,并通过微流控运输到光诱导介电泳芯片中,完成类似于经典游戏"俄罗斯方块"的操作,在整个实验过程中,利用方形光斑将所有微结构限制在特定的区域之中,如图 5-11 所示,之后通过短线光斑作为虚拟的操作手柄,将水凝胶微结构依次从顶部推送到底部,并且利用图案将不同的微结构组装成一个结构。利用光斑的可分层特点,如图 5-11(l)所示,将不同的水凝胶微结构进行分层排列。

在组装两个微结构时,发现其组装的效果非常好并且能够形成一个有效的整体,但在组装多个微结构时,其效果并不像两个微结构一样,多个微结构组装过程中会出现松散的现象。这主要有两方面的原因,第一,在整个操作过程中,所制作的水凝微结构是悬浮在溶液中的,因此,溶液的流动就会给微结构的操作和固定带来极大的困难。第二,需要组合在一起的微结构在加工时就需要保证其形状的完美性以及边缘的清晰程度,这样可以将两个微结构进行无缝衔接到一起。但是要想做到完美结构形状有很大的挑战,水凝胶的微结构本身就存在

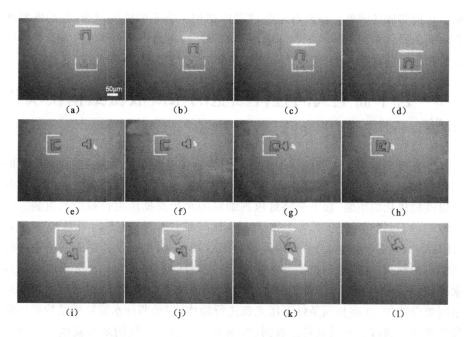

图 5-10　利用光诱导介电泳力来实现对两个不同形状微结构的组装

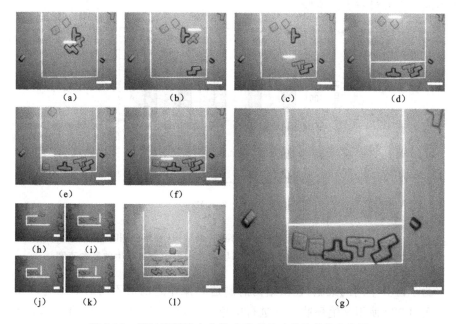

图 5-11　通过光诱导介电泳来实现多功能的操作和组装

吸水弯曲膨胀的特性。虽然在组装过程中结构黏合不紧密的问题,但是俄罗斯方块式的操作和组装再次证明了水凝胶的微结构在光诱导芯片之内具良好的可控性和组装的灵活性。

5.8 自下而上式的包含细胞的水凝胶微结构模块化组装

将包裹细胞的水凝胶微结构按照意图进行相应的组装会为功能性微组织的构建提供一种可行的方法。在前面的工作中,完成了水凝胶微结构的批量化制造以及模块化的组装,接下来将对包裹细胞的水凝胶模块进行相应的组装。首先将三种不同的细胞分别为 L929(m 小鼠纤维细胞)、MCF-7(乳腺癌细胞)、HEK-293(人胚肾细胞)分别与水凝胶预聚溶液混合,然后在光制造系统中进行微结构的制造,并运输到光诱导芯片中进行相应的操作。为了验证添加细胞后水凝胶的微结构所受的光诱导介电泳力是否会发生变化,制作相同尺寸的圆形水凝胶微结构,并在相同条件下用光斑进行操作,记录两种水凝胶微结构运动的最大速度。通过实验结果可以看到(见图 5-12),包裹细胞的水凝胶微结构和纯的水凝胶微结构之间没有太大的区别。因此,添加细胞对于水凝胶在光诱导芯片中的受力并没有大的影响。

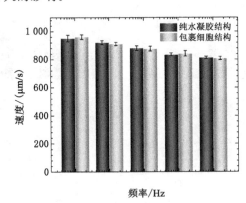

图 5-12　包裹细胞的水凝胶微结构(浅灰色)和
纯的水凝胶微结构(深灰色)在光诱导芯片中的受力所产生的最大速度

为了区分不同的细胞,在微结构的制造和操作之前对不同的细胞进行相应的染色,L929 使用鬼笔环肽-488 进行染色发绿色荧光,MCF-7 使用 DAPI 染色发蓝色荧光,HEK-293 使用中性红染色发红色荧光。在光流控系统中分别制作包含不同细胞的水凝胶模块,然后运输到光诱导芯片中进行相应的操作。首先对单种细胞进行不同形状的微结构的制造,如图 5-13(a)～(d)所示,分别制作了包含 L929 细胞的凸形、凹形、三角形、星形的水凝胶微结构。然后,又制作同一形状的方形结构,进行相应的操作和组装,最终形成直线形、L 形和方形的组装结构[如图 5-13(e)～(g)]。之后,又制作不同的水凝胶微结构,进行相应的组装,如图 5-13(h)～(j)所示,分别将两个凸形结构组装、一个圆形和两个方形组装、一个凸形和一个凹形组装。最后,将包含有不同细胞的不同形状的水凝胶微结构进行相应的组装,如图 5-13(k)～(m)所示,将 MCF-7(蓝色)、L929(绿色)、HEK-293(红色)进行组装,因此可以假设,不同的形状的模块代表不同的组织,那么将不同的组织进行组装可以构建体外器官的概念。

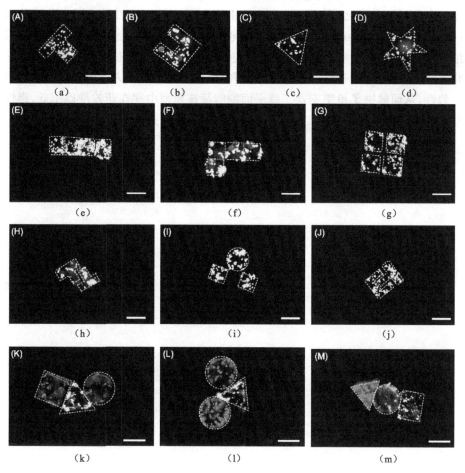

图 5-13　对包裹细胞的水凝胶模块进行相应的组装

5.9 小结

　　本小节通过将微流控系统、紫外光诱导水凝胶制造系统和光诱导介电泳系统相结合,提出了微组织结构的一体化制造与组装的概念。单一的水凝胶微结构和包裹有细胞的水凝胶微结构可以通过光流控系统快速简易的制作。这些功能性的微组织模块通过微流控系统可以运输到光诱导介电泳芯片中,通过光诱导介电泳力的作用,进行相应的操作和组装。并且,制作多种形状的微结构,实现了类似于俄罗斯方块游戏的操作。此外,通过将包裹有不同中细胞的微结构组装在一起,形成新的结构和形状,每一种模块代表一种组织,在体外构建了微小器官的概念。总之,本章中提出的微小组织在线制造和机器人同步装配策略(organ real-time assembly on chip),能够根据需求在现在制造不同种类的三维细胞微组织,并能同时采用机器人技术进行在线组装,整个过程采用机器人自动化方法实现,因而具备良好的可重复性和稳定性,保证了类人体生理环境构建的一致性,从而解决了单细胞及二维平面细胞筛选模型中存在药效准确率低、毒性检测效果差的问题,为未来组织再生和个性化药物筛选奠定了基础。

第 6 章 结 论

6.1 主要贡献和创新点

在生命科学和生物医学领域,开展细胞多尺度水平上的研究已经成为相关领域的前沿热点方向。微纳操控与组装技术能够在微/纳米尺度上对细胞进行操作,将细胞排列、组装成特定的构型,该技术获得广泛的关注和研究。将微纳操控与组装技术与生物医学相结合,开展细胞水平的捕获、分离等精确操作,实现细胞多维组装并构建调节细胞生长的胞外环境。这对新药研发、生物传感器及离体神经网络接口等方面的具有重要意义,在生物医学和临床医学等方面有着极为广泛的应用潜力。因此,本书笔者提出了一种基于光诱导数字掩模的细胞操作与多维组装方法,在体外可控的构建细胞的胞外环境,按照人的意愿实现细胞的精确操控和多维组装,通过调节胞外的环境来研究细胞的行为学和获取细胞的多维信息,从而建立多维细胞分析体系,实现多维细胞信息获取,为研究特定组织内细胞生理学和病理生理学行为提供全新的技术手段,为揭示相关疾病的发病机制提供新的视角,并为个性化药物筛选和生物传感提供有力保障。

6.1.1 理论机制

对水凝胶微结构在光诱导介电泳芯片中的受力进行了建模与仿真,得出了PEGDA 水凝胶微结构在光诱导介电泳芯片中一直受到负的介电泳力(排斥力)的作用,为指导水凝胶微结构在光诱导介电泳芯片中的操作和组装提供了理论依据。

6.1.2 工程技术

搭建了一套基于数字微镜阵列的紫外光诱导水凝胶制造系统,以数字掩模为核心,简化了制造工艺,实现了并行批量制造,具有高效率、高通量、高精度的优点,促进了定制化无模板光固化快速成型精确制造技术的发展。

利用微流控系统将水凝胶制造系统与光诱导介电泳系统相集成,构建了水凝胶微结构的制造与组装的一体化系统,实现了水凝胶微结构的流水线式制造、精确化操控和模块化组装。

6.1.3 方法应用

发展了一套基于水凝胶结构的无模板的细胞图形化的方法,实现了从一维到三维全尺度胞外环境的快速动态构建,解决了在体外单细胞—多细胞—微组织跨尺度的细胞精确排列与组装的问题。

形成了一套有效的细胞行为学的研究方法,包括图形化对于单细胞以及多细胞机械特性的调控、蜂窝状沟道对于细胞迁移的影响、形状对于单细胞有丝分裂的规划等,为研究特定组织内细胞生理学和病理生理学行为提供全新的技术手段。

根据自下而上型人工组织体外构建的基本理论,提出了微小组织的在线制造和机器人同步装配策略,形成类人体生理环境的多细胞复杂组织连接体,为组织工程开辟了一种稳定、高效与精确的人工组织体外构建方法,为构建功能化生物组织奠定了技术基础。

6.2 未来工作展望

本书针对现有的研究大多集中在对于细胞某一特定维度的信息的获取,迄今为止依然缺少一种能够同时在体外构建细胞三个维度胞外环境的新技术这一问题,开展了多维细胞信息获取与分析体系的构建研究。通过搭建一套紫外光引发的水凝胶制造系统,实现了胞外环境从一维到三维全尺度的构建,研究了细胞在不同尺度的行为学,获取了细胞的多维信息,并结合三维组织培养,进行个性化的药物筛选。

笔者认为在未来的研究中,应在以下几个方面开展重点研究:

(1)基于数字微镜阵列的紫外光诱导水凝胶制造系统有待进一步的完善和提升。在本书中,利用水凝胶制造系统还是局限于片状结构的制作,为了进一步的实现复杂三维组织结构的加工,需要加强 Z 向加工的控制。此外,可以对系统进一步的改造,添加另一个激光器构成双光束,实现制作与组装与一体的系统。

(2)功能性组织结构的融合技术。通过水凝胶制造系统可以制作包含有细胞的水凝胶模块,利用光诱介电泳技术将不同的组织模块进行组装,需要促进不同细胞结构之间的融合,形成具有功能的组织结构。

(3)发展新型的生物兼容性材料。理想的生物墨水不仅能够在细胞兼容性方面满足生物学需求,也能够在物理性能和生物学性能方面满足制作微结构过程的需求。生物墨水的物理性能包括黏度稠度、流变性能和力学性能。在生物学性能方面,生物墨水需要具有良好的细胞兼容性和合适的降解性能。

参 考 文 献

[1] HAMAZAKI T,EL ROUBY N,FREDETTE N C,et al. Concise review: induced pluripotent stem cell research in the era of precision medicine[J]. Stem Cells,2017,35(3):545-50.

[2] ZHAO L,CHEN S,YANG P,et al. The role of mesenchymal stem cells in hematopoietic stem cell transplantation:prevention and treatment of graft-versus-host disease[J]. Stem cell research & therapy,2019,10(1):1-13.

[3] PARMAR M,GREALISH S,HENCHCLIFFE C. The future of stem cell therapies for Parkinson disease[J]. Nature Reviews Neuroscience,2020, 21(2):103-15.

[4] COCHRAN A G,CONERY A R,SIMS R J. Bromodomains:a new target class for drug development[J]. Nature Reviews Drug Discovery,2019, 18(8):609-28.

[5] 张广洲,王凤山. 对我国新药研发现状的几点思考[J]. 齐鲁药事,2007, 26(1):37-8.

[6] KAITIN K I,DIMASI J A. Pharmaceutical innovation in the 21st century: new drug approvals in the first decade, 2000 – 2009 [J]. Clinical pharmacology & therapeutics,2011,89(2):183-8.

[7] GHOSH A K,BRINDISI M,SHAHABI D,et al. Drug development and medicinal chemistry efforts toward SARS-coronavirus and Covid-19 therapeutics[J]. ChemMedChem,2020.

[8] BRANCATO V,OLIVEIRA J M,CORRELO V M,et al. Could 3D models of cancer enhance drug screening? [J]. Biomaterials,2020,232:119744.

[9] ADAMS C P,BRANTNER V V. Estimating the cost of new drug development:is it really $802 million? [J]. Health affairs,2006,25(2): 420-8.

[10] DIMASI J,GRABOWSKI H,HANSEN R W. Cost to develop and win marketing approval for a new drug is $2.6 billion[J]. Tufts Center for

the Study of Drug Development,2014,18.

[11] LEE A C-L,HARRIS J L,KHANNA K K,et al. A comprehensive review on current advances in peptide drug development and design [J]. International journal of molecular sciences,2019,20(10):2383.

[12] KAITIN K I. Developing New Medicines for Pediatric Oncology: Assessing Needs and Overcoming Challenges[J]. Clinical therapeutics, 2017,39(2):236-7.

[13] DIMASI J A,HENRY G,RONALD W. Briefing:Cost of Developing a New Drug[J]. Tufts Center for the Study of Drug Development,2014.

[14] WAN Q,SONG D,LI H,et al. Stress proteins:the biological functions in virus infection, present and challenges for target-based antiviral drug development[J]. Signal Transduction and Targeted Therapy,2020,5(1): 1-40.

[15] ARROWSMITH J,MILLER P. Phase II and Phase III attrition rates 2011-2012[J]. Nature Reviews Drug Discovery,2013,12(8):569-70.

[16] HARVEY A L. Natural products in drug discovery[J]. Drug discovery today,2008,13(19):894-901.

[17] KUMAR D, BALIGAR P, SRIVASTAV R, et al. Stem Cell Based Preclinical Drug Development and Toxicity Prediction [J]. Current Pharmaceutical Design,2020.

[18] SUN T,JACKSON S,HAYCOCK J W,et al. Culture of skin cells in 3D rather than 2D improves their ability to survive exposure to cytotoxic agents[J]. Journal of biotechnology,2006,122(3):372-81.

[19] PAMPALONI F,REYNAUD E G,STELZER E H. The third dimension bridges the gap between cell culture and live tissue[J]. Nature reviews Molecular cell biology,2007,8(10):839.

[20] ZANG R,LI D,TANG I-C,et al. Cell-based assays in high-throughput screening for drug discovery[J]. International Journal of Biotechnology for Wellness Industries,2012,1(1):31.

[21] SHANG M,SOON R H,LIM C T,et al. Microfluidic modelling of the tumor microenvironment for anti-cancer drug development[J]. Lab on a Chip,2019,19(3):369-86.

[22] MARUSYK A, ALMENDRO V, POLYAK K. Intra-tumour heterogeneity:a looking glass for cancer? [J]. Nature reviews Cancer,

2012,12(5):323.

[23] MEACHAM C E,MORRISON S J. Tumor heterogeneity and cancer cell plasticity[J]. Nature,2013,501(7467):328.

[24] ALIZADEH A A, ARANDA V, BARDELLI A, et al. Toward understanding and exploiting tumor heterogeneity[J]. Nature medicine, 2015,21(8):846-53.

[25] CANER A,SADıQOVA A,ERDOǦAN A,et al. Targeting of antitumor immune responses with live-attenuated Leishmania strains in breast cancer model[J]. Breast Cancer,2020,27:1082-95.

[26] TONDU B,LOPEZ P. Modeling and control of McKibben artificial muscle robot actuators[J]. IEEE control systems,2000,20(2):15-38.

[27] KLUTE G K,CZERNIECKI J M,HANNAFORD B. Artificial muscles: Actuators for biorobotic systems [J]. The International Journal of Robotics Research,2002,21(4):295-309.

[28] KIM W, LEE H, LEE J, et al. Efficient myotube formation in 3D bioprinted tissue construct by biochemical and topographical cues[J]. Biomaterials,2020,230:119632.

[29] SNYDER E Y,DEITCHER D L,WALSH C,et al. Multipotent neural cell lines can engraft and participate in development of mouse cerebellum[J]. Cell,1992,68(1):33-51.

[30] XU T, GREGORY C A, MOLNAR P, et al. Viability and electrophysiology of neural cell structures generated by the inkjet printing method[J]. Biomaterials,2006,27(19):3580-8.

[31] KUNZE A,GIUGLIANO M,VALERO A,et al. Micropatterning neural cell cultures in 3D with a multi-layered scaffold[J]. Biomaterials,2011,32 (8):2088-98.

[32] CHEN J,HUANG D,WANG L,et al. 3D bioprinted multiscale composite scaffolds based on gelatin methacryloyl (GelMA)/chitosan microspheres as a modular bioink for enhancing 3D neurite outgrowth and elongation [J]. Journal of colloid and interface science,2020,574:162-73.

[33] SARIOGLU A F,ACETO N,KOJIC N,et al. A microfluidic device for label-free,physical capture of circulating tumor cell clusters[J]. Nature methods,2015,12(7):685-91.

[34] GARCIA S, SUNYER R, OLIVARES A, et al. Generation of stable

orthogonal gradients of chemical concentration and substrate stiffness in a microfluidic device[J]. Lab Chip,2015,15(12):2606-14.

[35] G MEZ-SJ BERG R,LEYRAT A A,PIRONE D M,et al. Versatile,fully automated,microfluidic cell culture system[J]. Anal Chem,2007,79(22): 8557-63.

[36] DURA B, SERVOS M M, BARRY R M, et al. Longitudinal multiparameter assay of lymphocyte interactions from onset by microfluidic cell pairing and culture [J]. Proceedings of the National Academy of Sciences,2016,113(26):E3599-E608.

[37] CHOI J-R,SONG H,SUNG J H,et al. Microfluidic assay-based optical measurement techniques for cell analysis:A review of recent progress[J]. Biosensors and Bioelectronics,2016,77:227-36.

[38] URBANSKA M,MU OZ H E,BAGNALL J S,et al. A comparison of microfluidic methods for high-throughput cell deformability measurements[J]. Nature methods,2020,17(6):587-93.

[39] SONTHEIMER-PHELPS A,HASSELL B A,INGBER D E. Modelling cancer in microfluidic human organs-on-chips [J]. Nature Reviews Cancer, 2019, 19(2):65-81.

[40] WU Z,WILLING B,BJERKETORP J,et al. Soft inertial microfluidics for high throughput separation of bacteria from human blood cells[J]. Lab Chip,2009,9(9):1193-9.

[41] WLODKOWIC D,FALEY S,ZAGNONI M,et al. Microfluidic single-cell array cytometry for the analysis of tumor apoptosis[J]. Anal Chem,2009, 81(13):5517-23.

[42] YE N,QIN J,SHI W,et al. Cell-based high content screening using an integrated microfluidic device[J]. Lab Chip,2007,7(12):1696-704.

[43] HUR S C, HENDERSON-MACLENNAN N K,MCCABE E R,et al. Deformability-based cell classification and enrichment using inertial microfluidics[J]. Lab Chip,2011,11(5):912-20.

[44] SUN K, LIU H, WANG S, et al. Cytophilic/cytophobic design of nanomaterials at biointerfaces[J]. Small,2013,9(9-10):1444-8.

[45] ZHENG B, ROACH L S, ISMAGILOV R F. Screening of protein crystallization conditions on a microfluidic chip using nanoliter-size droplets[J]. Journal of the American chemical society, 2003, 125 (37):

11170-1.

[46] DITTRICH P S,MANZ A. Lab-on-a-chip:microfluidics in drug discovery [J]. Nature reviews Drug discovery,2006,5(3):210.

[47] CHIOU P Y,OHTA A T,WU M C. Massively parallel manipulation of single cells and microparticles using optical images[J]. Nature,2005,436 (7049):370.

[48] JING P,WU J,LIU G W,et al. Photonic crystal optical tweezers with high efficiency for live biological samples and viability characterization [J]. Scientific reports,2016,6.

[49] HWANG H, PARK J-K. Rapid and selective concentration of microparticles in an optoelectrofluidic platform[J]. Lab Chip,2009,9(2): 199-206.

[50] HWANG H, LEE D-H, CHOI W, et al. Enhanced discrimination of normal oocytes using optically induced pulling-up dielectrophoretic force [J]. Biomicrofluidics,2009,3(1):014103.

[51] HWANG H,PARK J-K. Optoelectrofluidic platforms for chemistry and biology[J]. Lab Chip,2011,11(1):33-47.

[52] CHIU T-K,CHOU W-P,HUANG S-B,et al. Application of optically-induced-dielectrophoresis in microfluidic system for purification of circulating tumour cells for gene expression analysis-Cancer cell line model[J]. Scientific reports, 2016,6.

[53] CHAU L-H,LIANG W,CHEUNG F W K,et al. Self-rotation of cells in an irrotational AC E-field in an opto-electrokinetics chip[J]. PloS one, 2013,8(1):e51577.

[54] KANG H-W,LEE S J,KO I K,et al. A 3D bioprinting system to produce human-scale tissue constructs with structural integrity [J]. Nat Biotechnol,2016,34(3):312-9.

[55] KOLESKY D B, HOMAN K A, SKYLAR-SCOTT M A, et al. Three-dimensional bioprinting of thick vascularized tissues[J]. Proceedings of the National Academy of Sciences,2016,113(12):3179-84.

[56] MURPHY S V,ATALA A. 3D bioprinting of tissues and organs[J]. Nat Biotechnol,2014,32(8):773-85.

[57] CUI X,BOLAND T. Human microvasculature fabrication using thermal inkjet printing technology[J]. Biomaterials,2009,30(31):6221-7.

[58] NAKAMURA M,NISHIYAMA Y,HENMI C,et al. Application of inkjet in tissue engineering and regenerative medicine;Development of inkjet 3D biofabrication technology; proceedings of the NIP & Digital Fabrication Conference,F,2007[C]. Society for Imaging Science and Technology.

[59] JAYASINGHE S N, IRVINE S, MCEWAN J R. Cell electrospinning highly concentrated cellular suspensions containing primary living organisms into cell-bearing threads and scaffolds[J]. 2007.

[60] ZHANG X, ZHANG Y. Tissue engineering applications of three-dimensional bioprinting[J]. Cell biochemistry and biophysics,2015,72 (3);777-82.

[61] MANDRYCKY C,WANG Z,KIM K,et al. 3D bioprinting for engineering complex tissues[J]. Biotechnology advances,2016,34(4);422-34.

[62] COLINA M,DUOCASTELLA M,FERN NDEZ-PRADAS J M,et al. Laser-induced forward transfer of liquids;Study of the droplet ejection process[J].J Appl Phys,2006,99(8);084909.

[63] BARRON J,SPARGO B,RINGEISEN B. Biological laser printing of three dimensional cellular structures[J]. Applied Physics A,2004,79(4-6); 1027-30.

[64] SINGH D,SINGH D,HAN S S. 3D printing of scaffold for cells delivery; advances in skin tissue engineering[J]. Polymers,2016,8(1);19.

[65] TEO M Y,KEE S,RAVICHANDRAN N,et al. Enabling Free-Standing 3D Hydrogel Microstructures with Microreactive Inkjet Printing[J]. ACS applied materials & interfaces,2019,12(1);1832-9.

[66] YU X,ZHANG T,LI Y. 3D Printing and Bioprinting Nerve Conduits for Neural Tissue Engineering[J]. Polymers,2020,12(8);1637.

[67] 徐文峰,欧媛,董玉. 组织工程三维多孔支架制备方法[J]. 重庆文理学院学报(自然科学版),2010,29(2);47-50.

[68] 吴林波,丁建东. 组织工程三维多孔支架的制备方法和技术进展[J]. 功能高分子学报,2003,16(3);91-95.

[69] MIKOS A G,THORSEN A J,CZERWONKA L A,et al. Preparation and characterization of poly (L-lactic acid) foams[J]. Polymer,1994,35(5); 1068-77.

[70] WU X,LIU Y,LI X,et al. Preparation of aligned porous gelatin scaffolds by unidirectional freeze-drying method[J]. Acta Biomater,2010,6(3);

1167-77.

[71] LIN R Z, CHANG H Y. Recent advances in three-dimensional multicellular spheroid culture for biomedical research[J]. Biotechnology journal,2008,3(9-10):1172-84.

[72] RAGHAVAN S,WARD M R,ROWLEY K R,et al. Formation of stable small cell number three-dimensional ovarian cancer spheroids using hanging drop arrays for preclinical drug sensitivity assays[J]. Gynecologic oncology,2015,138(1):181-9.

[73] OKUBO H,MATSUSHITA M,KAMACHI H,et al. A novel method for faster formation of rat liver cell spheroids[J]. Artificial organs, 2002, 26(6):497-505.

[74] RUPPEN J,WILDHABER F D,STRUB C,et al. Towards personalized medicine:chemosensitivity assays of patient lung cancer cell spheroids in a perfused microfluidic platform[J]. Lab Chip,2015,15(14):3076-85.

[75] KIM C,BANG J H,KIM Y E,et al. On-chip anticancer drug test of regular tumor spheroids formed in microwells by a distributive microchannel network[J]. Lab Chip,2012,12(20):4135-42.

[76] WONG S F,CHOI Y Y,KIM D S,et al. Concave microwell based size-controllable hepatosphere as a three-dimensional liver tissue model[J]. Biomaterials,2011,32(32):8087-96.

[77] RAMAIAHGARI S C,DEN BRAVER M W,HERPERS B,et al. A 3D in vitro model of differentiated HepG2 cell spheroids with improved liver-like properties for repeated dose high-throughput toxicity studies[J]. Archives of toxicology,2014,88(5):1083-95.

[78] DECKER C. The use of UV irradiation in polymerization[J]. Polymer International,1998,45(2):133-41.

[79] PARK K J,LEE K G,SEOK S,et al. Micropillar arrays enabling single microbial cell encapsulation in hydrogels[J]. Lab Chip, 2014, 14 (11): 1873-9.

[80] JARIWALA A S,DING F,BODDAPATI A,et al. Modeling effects of oxygen inhibition in mask-based stereolithography[J]. Rapid Prototyping Journal,2011,17(3):168-75.

[81] SEABROOK S A, TONGE M P, GILBERT R G. Pulsed laser polymerization study of the propagation kinetics of acrylamide in water

[J]. Journal of Polymer Science Part A:Polymer Chemistry,2005,43(7):
1357-68.

[82] SEABROOK S A, PASCAL P, TONGE M P, et al. Termination rate
coefficients for acrylamide in the aqueous phase at low conversion[J].
Polymer,2005,46(23):9562-73.

[83] BODDAPATI A. Modeling cure depth during photopolymerization of
multifunctional acrylates[D] ; Georgia Institute of Technology,2010.

[84] KIM H-C,YOON H-R,LEE I-H,et al. Exposure time variation method
using DMD for microstereolithography [J]. Journal of Advanced
Mechanical Design,Systems,and Manufacturing,2012,6(1):44-51.

[85] GROGAN S P,CHUNG P H,SOMAN P,et al. Digital micromirror device
projection printing system for meniscus tissue engineering [J]. Acta
Biomater,2013,9(7):7218-26.

[86] DUDLEY D, DUNCAN W M, SLAUGHTER J. Emerging digital
micromirror device (DMD) applications; proceedings of the MOEMS
display and imaging systems,F,2003[C]. International Society for Optics
and Photonics.

[87] MOTT E J,BUSSO M,LUO X,et al. Digital micromirror device (DMD)-
based 3D printing of poly (propylene fumarate) scaffolds[J]. Materials
Science and Engineering:C,2016,61:301-11.

[88] QIN D, XIA Y, WHITESIDES G M. Soft lithography for micro-and
nanoscale patterning[J]. Nature protocols,2010,5(3):491.

[89] SUH K Y, SEONG J, KHADEMHOSSEINI A, et al. A simple soft
lithographic route to fabrication of poly (ethylene glycol) microstructures
for protein and cell patterning[J]. Biomaterials,2004,25(3):557-63.

[90] WHITESIDES G M,OSTUNI E,TAKAYAMA S,et al. Soft lithography
in biology and biochemistry[J]. Annu Rev Biomed Eng, 2001, 3 (1):
335-73.

[91] BURDICK J A, KHADEMHOSSEINI A, LANGER R. Fabrication of
gradient hydrogels using a microfluidics/photopolymerization process[J].
Langmuir,2004,20(13):5153-6.

[92] REVZIN A,RUSSELL R J,YADAVALLI V K,et al. Fabrication of poly
(ethylene glycol) hydrogel microstructures using photolithography[J].
Langmuir,2001,17(18):5440-7.

［93］ KIM D-N,LEE W,KOH W-G. Micropatterning of proteins on the surface of three-dimensional poly (ethylene glycol) hydrogel microstructures[J]. Analytica chimica acta,2008,609(1):59-65.

［94］ CHAN V,JEONG J H,BAJAJ P,et al. Multi-material bio-fabrication of hydrogel cantilevers and actuators with stereolithography[J]. Lab Chip, 2012,12(1):88-98.

［95］ CHAN V, ZORLUTUNA P, JEONG J H, et al. Three-dimensional photopatterning of hydrogels using stereolithography for long-term cell encapsulation[J]. Lab Chip,2010,10(16):2062-70.

［96］ BINNIG G, QUATE C F, GERBER C. Atomic force microscope[J]. Physical review letters,1986,56(9):930.

［97］ HARMON M E, KUCKLING D, FRANK C W. Photo-cross-linkable PNIPAAm copolymers. 2. Effects of constraint on temperature and pH-responsive hydrogel layers[J]. Macromolecules,2003,36(1):162-72.

［98］ TOUHAMI A,NYSTEN B,DUFR NE Y F. Nanoscale mapping of the elasticity of microbial cells by atomic force microscopy[J]. Langmuir, 2003,19(11):4539-43.

［99］ TH RY M,P PIN A,DRESSAIRE E,et al. Cell distribution of stress fibres in response to the geometry of the adhesive environment[J]. Cytoskeleton,2006,63(6):341-55.

［100］ MINC N, BURGESS D, CHANG F. Influence of cell geometry on division-plane positioning[J]. Cell,2011,144(3):414-26.

［101］ CHARNLEY M,ANDEREGG F,HOLTACKERS R,et al. Effect of cell shape and dimensionality on spindle orientation and mitotic timing[J]. PloS one,2013,8(6):e66918.

［102］ THERY M, BORNENS M. Cell shape and cell division[J]. Current opinion in cell biology,2006,18(6):648-57.

［103］ DUSSEILLER M R, SCHLAEPFER D, KOCH M, et al. An inverted microcontact printing method on topographically structured polystyrene chips for arrayed micro-3-D culturing of single cells[J]. Biomaterials, 2005,26(29):5917-25.

［104］ BAX D V,TIPA R S,KONDYURIN A,et al. Cell patterning via linker-free protein functionalization of an organic conducting polymer (polypyrrole) electrode[J]. Acta Biomater,2012,8(7):2538-48.

[105] DEFOREST C A, POLIZZOTTI B D, ANSETH K S. Sequential click reactions for synthesizing and patterning 3D cell microenvironments [J]. Nature materials,2009,8(8):659.

[106] DEGUCHI S, NAGASAWA Y, SAITO A C, et al. Development of motorized plasma lithography for cell patterning [J]. Biotechnology letters,2014,36(3):507-13.

[107] KIM Y K,RYOO S R,KWACK S J,et al. Mass Spectrometry Assisted Lithography for the Patterning of Cell Adhesion Ligands on Self-Assembled Monolayers[J]. Angewandte Chemie International Edition, 2009,48(19):3507-11.

[108] KANE R S,TAKAYAMA S,OSTUNI E,et al. Patterning proteins and cells using soft lithography[J]. Biomaterials,1999,20(23):2363-76.

[109] KIM H N, KANG D-H, KIM M S, et al. Patterning methods for polymers in cell and tissue engineering [J]. Annals of biomedical engineering,2012,40(6):1339-55.

[110] LIU W, LI Y, WANG T, et al. Elliptical polymer brush ring array mediated protein patterning and cell adhesion on patterned protein surfaces[J]. ACS applied materials & interfaces,2013,5(23):12587-93.

[111] NAHMIAS Y,ODDE D J. Micropatterning of living cells by laser-guided direct writing:application to fabrication of hepatic-endothelial sinusoid-like structures[J]. Nature protocols,2006,1(5):2288.

[112] WANG Z-G,LIU S-L,HU Y-J,et al. Dissecting the Factors Affecting the Fluorescence Stability of Quantum Dots in Live Cells[J]. ACS applied materials & interfaces,2016,8(13):8401-8.

[113] WU H, KUHN T, MOY V. Mechanical properties of L929 cells measured by atomic force microscopy:effects of anticytoskeletal drugs and membrane crosslinking[J]. Scanning,1998,20(5):389-97.

[114] YAMAZOE H,UEMURA T,TANABE T. Facile cell patterning on an albumin-coated surface[J]. Langmuir,2008,24(16):8402-4.

[115] NELSON C M,CHEN C S. Cell-cell signaling by direct contact increases cell proliferation via a PI3K-dependent signal[J]. FEBS letters,2002, 514(2-3):238-42.

[116] LIU Y-J,LE BERRE M,LAUTENSCHLAEGER F,et al. Confinement and low adhesion induce fast amoeboid migration of slow mesenchymal

cells[J]. Cell,2015,160(4):659-72.

[117] WOLF K,MAZO I,LEUNG H,et al. Compensation mechanism in tumor cell migration[J]. The Journal of cell biology,2003,160(2):267-77.

[118] GUCK J,LAUTENSCHL GER F,PASCHKE S,et al. Critical review: cellular mechanobiology and amoeboid migration [J]. Integrative biology,2010,2(11-12):575-83.

[119] FRIEDL P. Prespecification and plasticity: shifting mechanisms of cell migration[J]. Current opinion in cell biology,2004,16(1):14-23.

[120] MADSEN C D, HOOPER S, TOZLUOGLU M, et al. STRIPAK components determine mode of cancer cell migration and metastasis[J]. Nature cell biology,2015,17(1):68.

[121] BALZER E M,TONG Z,PAUL C D,et al. Physical confinement alters tumor cell adhesion and migration phenotypes[J]. The FASEB Journal, 2012,26(10):4045-56.

[122] STROKA K M,GU Z,SUN S X,et al. Bioengineering paradigms for cell migration in confined microenvironments[J]. Current opinion in cell biology,2014,30:41-50.

[123] SOON L, MOUNEIMNE G, SEGALL J, et al. Description and characterization of a chamber for viewing and quantifying cancer cell chemotaxis[J]. Cytoskeleton,2005,62(1):27-34.

[124] VON PHILIPSBORN A C,LANG S,LOESCHINGER J,et al. Growth cone navigation in substrate-bound ephrin gradients[J]. Development, 2006,133(13):2487-95.

[125] SIMPSON K J,SELFORS L M,BUI J,et al. Identification of genes that regulate epithelial cell migration using an siRNA screening approach [J]. Nature cell biology,2008,10(9):1027.

[126] POLACHECK W J, CHAREST J L, KAMM R D. Interstitial flow influences direction of tumor cell migration through competing mechanisms[J]. Proceedings of the National Academy of Sciences, 2011,108(27):11115-20.

[127] SABEH F, SHIMIZU-HIROTA R, WEISS S J. Protease-dependent versus-independent cancer cell invasion programs: three-dimensional amoeboid movement revisited[J]. The Journal of cell biology,2009,185 (1):11-9.

[128] CORBIN E A, MILLET L J, PIKUL J H, et al. Micromechanical properties of hydrogels measured with MEMS resonant sensors[J]. Biomed Microdevices,2013,15(2):311-9.

[129] GAHARWAR A K, RIVERA C, WU C-J, et al. Photocrosslinked nanocomposite hydrogels from PEG and silica nanospheres: structural, mechanical and cell adhesion characteristics[J]. Materials Science and Engineering:C,2013,33(3):1800-7.

[130] NEMIR S, HAYENGA H N, WEST J L. PEGDA hydrogels with patterned elasticity: Novel tools for the study of cell response to substrate rigidity[J]. Biotechnol Bioeng,2010,105(3):636-44.

[131] HOFFMAN A S. Hydrogels for biomedical applications[J]. Adv Drug Deliver Rev,2012,64:18-23.

[132] LIN C-C, ANSETH K S. PEG hydrogels for the controlled release of biomolecules in regenerative medicine [J]. Pharmaceutical research, 2009,26(3):631-43.

[133] LIU X, WANG S. Three-dimensional nano-biointerface as a new platform for guiding cell fate[J]. Chemical Society Reviews,2014,43 (8):2385-401.

[134] KIM P, KIM D H, KIM B, et al. Fabrication of nanostructures of polyethylene glycol for applications to protein adsorption and cell adhesion[J]. Nanotechnology,2005,16(10):2420.

[135] PENG R,YAO X,DING J. Effect of cell anisotropy on differentiation of stem cells on micropatterned surfaces through the controlled single cell adhesion[J]. Biomaterials,2011,32(32):8048-57.

[136] FAUCHEUX N, SCHWEISS R, L TZOW K, et al. Self-assembled monolayers with different terminating groups as model substrates for cell adhesion studies[J]. Biomaterials,2004,25(14):2721-30.

[137] DISCHER D E,JANMEY P,WANG Y-L. Tissue cells feel and respond to the stiffness of their substrate [J]. Science, 2005, 310 (5751): 1139-43.

[138] YEUNG T, GEORGES P C, FLANAGAN L A, et al. Effects of substrate stiffness on cell morphology, cytoskeletal structure, and adhesion[J]. Cytoskeleton,2005,60(1):24-34.

[139] SEGUIN L, DESGROSELLIER J S, WEIS S M, et al. Integrins and

cancer: regulators of cancer stemness, metastasis, and drug resistance [J]. Trends in cell biology, 2015, 25(4): 234-40.

[140] REHFELDT F, ENGLER A J, ECKHARDT A, et al. Cell responses to the mechanochemical microenvironment—implications for regenerative medicine and drug delivery[J]. Adv Drug Deliver Rev, 2007, 59(13): 1329-39.

[141] CZECZUGA-SEMENIUK E, WOŁCZYNSKI S, DABROWSKA M, et al. The effect of doxorubicin and retinoids on proliferation, necrosis and apoptosis in MCF-7 breast cancer cells [J]. Folia Histochemica et Cytobiologica, 2004, 42(4): 221-7.

[142] LI X, ZHANG X, ZHAO S, et al. Micro-scaffold array chip for upgrading cell-based high-throughput drug testing to 3D using benchtop equipment[J]. Lab Chip, 2014, 14(3): 471-81.

[143] FRIEDRICH J, SEIDEL C, EBNER R, et al. Spheroid-based drug screen: considerations and practical approach[J]. Nature protocols, 2009, 4(3): 309-24.

[144] TUNG Y-C, HSIAO A Y, ALLEN S G, et al. High-throughput 3D spheroid culture and drug testing using a 384 hanging drop array[J]. Analyst, 2011, 136(3): 473-8.

[145] LIU J, KUZNETSOVA L A, EDWARDS G O, et al. Functional three-dimensional HepG2 aggregate cultures generated from an ultrasound trap: Comparison with HepG2 spheroids [J]. Journal of cellular biochemistry, 2007, 102(5): 1180-9.

[146] HUANG S-B, WU M-H, LIN Y-H, et al. High-purity and label-free isolation of circulating tumor cells (CTCs) in a microfluidic platform by using optically-induced-dielectrophoretic (ODEP) force[J]. Lab Chip, 2013, 13(7): 1371-83.

[147] DENDUKURI D, PANDA P, HAGHGOOIE R, et al. Modeling of oxygen-inhibited free radical photopolymerization in a PDMS microfluidic device[J]. Macromolecules, 2008, 41(22): 8547-56.

[148] LIANG W, ZHAO Y, LIU L, et al. Rapid and label-free separation of burkitt's lymphoma cells from red blood cells by optically-induced electrokinetics[J]. PloS one, 2014, 9(3): e90827.

[149] MORGAN H,GREEN N G. AC electrokinetics[M]. Research Studies Press,2003.

[150] LIANG W,WANG S,DONG Z,et al. Optical spectrum and electric field waveform dependent optically-induced dielectrophoretic (ODEP) micro-manipulation[J]. Micromachines-Basel,2012,3(2):492-508.

[151] TSUTSUI H,YU E,MARQUINA S,et al. Efficient dielectrophoretic patterning of embryonic stem cells in energy landscapes defined by hydrogel geometries[J]. Annals of biomedical engineering,2010,38 (12):3777-88.

[152] KALAKKUNNATH S,KALIKA D S,LIN H,et al. Molecular relaxation in cross-linked poly (ethylene glycol) and poly (propylene glycol) diacrylate networks by dielectric spectroscopy[J]. Polymer, 2007,48(2):579-89.